U0018919

幫**主管自己** 經典新版

變優秀的

神奇對話

面對新世代員工
與第一次領導焦慮的
教練思考處方

前英特爾台灣暨中國區總經理
ICF認證教練
陳朝益 DAVID DAN ◎著

COACHING BASED
MENTORSHIP

How Great Mentors Help New Leaders to Grow?

……這兩個問題，絕不像很多主管所想的這麼簡單——

一、當老闆怪罪你們團隊沒有達到目標時，你會怎麼做？

二、在你這個主管的心中，人重要還是數字重要呢？

「新世代，新變局，新挑戰」正在形塑新時代

　　我們現在正在經歷一個「多變，多元，複雜，不確定」（DDCU: Dynamics, Diversity, Complexity, Uncertainty）的時代，它有兩個主要的驅動元素：新科技（網際網路，智慧型手機，社群媒體，AI人工智能……等）和國際上發生的重大事件（俄烏戰爭，中美對抗，國際供應鏈的斷鏈，地緣經濟，以及剛經歷過的COVID疫情，環保和氣候暖化……等），這些大的變化形塑著這時代年輕人的思考，價值觀和外在行為的發展，本書要專注在Z世代（1995-2012年出生）的領導和培育，這世代人也有專家稱他們為i世代，他們目前可能大多還在求學階段或是剛踏入職場，我們已經可以看見他們獨特的身影和聲音，他們有著許多不同也是不可忽視的特質面貌，我藉著本書的修訂版做了一次比較完整的整理，在研究報告中有一個特質特別引起我的重視，它是「在這個多元多變化的時代，新世代年輕人的成長路徑不再直接由依賴期（Dependence）直接成長進入獨立期（Independence），中間需

要有段引導期（Mentoring）才能更健康成長」。這個激勵我重新修訂這本書，因為這本書就是為這個目的而寫的。

今日組織裡有幾世代人在一起工作，有嬰兒潮，X世代，Y世代到本書專注的新世代，我們的管理領導模式還是一個模式嗎？一個大學曾教授大聲呼籲「我們不缺人才，我們缺的是能帶動人才的領導者」，這番話觸動了我的心。

在這個AI科技正在興起的新世代，我們不再缺知識，我們缺的是那股能感動人心的力量，幫助我們敢於突破過去思維的限制和對未來不確定性的恐懼，催逼我們往前行。作為組織的領導人或是主管，你有感覺組織裡Z世代員工的不同嗎？你會做什麼改變或是精進呢？

可喜的是人性的本質還是沒有變化，只是被隱藏了，「真誠的關心，平等尊重。同理傾聽，開放對話，追求價值和成就感，陪伴支持……等」，主管們有溫度的關懷和對話對這新世代人是股暖流，導師型的陪伴還是組織裡最珍貴的資產。

在這複雜而不確定的時代，我謹獻上這本新版書，協助正在陪伴新世代成長的你和我。

記于2023年10月份

首版推薦好評——

　　在兩岸三地十幾年來的「科技遊俠式」的遊走過程中，我接觸到許多政府官員、企業老闆和中生代的創業家，深深感到我們現在正處於工業化時代和服務業時代的接口，一方面我們必須承襲工業化時代精益求精的精神不斷的做點滴改善經營，同時我們也正面對服務業的浪潮，市場對服務和創新的高度需求，我們沒有選擇，必須雙頭並進迎頭趕上；經營者不只要花時間來傾聽客戶的聲音，更要花更多的時間來了解員工的期望和熱情，並建立機制來激發他們的潛能，以期能轉化為企業明天成長和創新的動能。老闆們必須由寶座下來，由過去「老闆說了算」的集權式領導，走向更開放更包容更多元和更多員工參與互動的教練式領導模式。

　　David（本書作者）在出版了《幫員工自己變優秀的神奇領導者》之後，順應市場的需求，他以故事對話體裁寫了這本《幫主管自己變優秀的神奇對話》，讓我們能更簡單易讀、且更深入的闡述教練型領導力在組織各階層的應用；這不只對企業，對政府、學校、醫院和各商店主管的經營者，都是本實用的案頭書，這本

書也在這轉型的關鍵時刻架設了一座橋，引導有意做領導力轉型的主管們能順利轉變，積極的迎向新的挑戰。

——曾憲章博士，曉龍基金會創辦人、美國百人會會員、美國加州大學洛杉磯分校（UCLA）電子計算機博士

《幫主管自己變優秀的神奇對話》，是繼《幫員工自己變優秀的神奇領導者》之後，非常具實用性及說服力的教練型領導故事書。陳教練以說故事方式，透過對話，務實呈現教練指導的神奇力量，引導書中主角大剛成為一個好的領導者。

在企業組織裡，高績效人才是非常珍貴的資源，但我們也經常面臨一些人才議題的挑戰，高績效的員工是否就等於高績效的領導人？如何將高績效人才提升為優秀的領導人才，已成為現今人力資源的最重要課題。

過去我們習慣於在企業內舉辦教育訓練，藉此提升員工及主管的能力。近年來企業教練提供了另外一種學習方式，它著重在學習者自我的動機及內在需求，進而發展其自我的潛能。個人在接任保德信人壽總經理職務後，亟思如何提升公司領導效能及競爭力，有幸於2010年認識本書作者，並將企業教練引進公司，成為人才發展重要的一環，本人參與其中，亦受益良多。

我很贊同本書中的一句話：「我們不缺知識，我們缺的是感動人的故事並激勵我們採取行動」。相信這本書一定能帶給企業界

優秀人才啟發效果，造就出更多新世代成功領導人。

——藍振富，前保德信人壽總經理

　　在這新舊領導力交替的時刻，主管們要學習和員工有更多的溝通和授權，要能在了解員工的能力和需求時，也給他們更多的發展空間。David這本新書告訴我們如何成為一個新時代的主管，如何更有效的建立團隊目標，並且努力傾聽，認同並且給予支持。對於一個新主管，承擔責任只是一個開始，最大的挑戰是如何和老闆、同事和員工合作？有衝突發生又該如何處理？如何慢慢建立起自己的一套領導模式？David是我的教練，他幫助我找到自己的動機，學習如何由對方的角度看問題，強化那感覺和互動的力量。他也提供我一盞明燈，我知道做個好主管不只是要達成企業交辦的目標，也要能成為團隊的教練；不只要努力工作，也要有平衡的生活。

——Annie Lee（前Director, Novartis〔諾華〕）

　　David—陳朝益導師，是位很與眾不同的高階教練，也是很可親可敬的溫馨朋友。像是鄰家大哥，懷著滿腹東西哲理，妙語中蘊含豐厚智慧，自在裡不容漠視的精準嚴謹。自從「超越巔峰：人生下半場生命藍圖」對話結緣，他的名言：「一盞燈，一席話，一段路，虛心，樹人」成為我個人最喜愛的核心分享，他說的

「Carry On，Give Up ，Grow Up」更是我最具體的生命實踐。

在深讀過David第一本繁體版《幫員工自己變優秀的神奇領導者》，具體領略了「教練」轉化契合國人文化的典範轉移，迄今數個月份，已然分享給許多領導階層長官好友共讀。（有趣的是，這本書還有個很長的書名）。隨後，有緣持續在關鍵時刻教練園地跟隨David學習，領受專業領域的多元激發，更是人生轉型的精采旅程。足跡點滴，都將是我個人深自期許協助自家的事業體「成為永續陪伴家庭婦幼卓越夥伴」的策略明燈。

爾今，喜見《幫主管自己變優秀的神奇對話》一書迅速問世。可預期的，這本書如虎添翼，將再為企業界軟實力增添執行藍本生力軍，開創主管員工多贏對話的時空歷史長河新里程。

——黃韻庭，前許世賓婦產科暨產後護理之家執行長

如何激發更優秀的自己？如何注入更新的管理元素？陳朝益教練以精湛的心得與洗鍊的文字，帶領你走入教練的殿堂，為新任主管撥雲見日，為組織重定價值。這本書不僅是每個主管的必修課與成功的鑰匙，更是企業教練及組織mentor（導師）的練功秘笈與不二法門，神奇地帶領讀者了解改變的動因，系統性地教導與催化，讓每個人都可以成為更優秀的自己。開創台灣"mentoring based coaching"的第一本好書，就從這開始。

——陳錦春，Marshall Goldsmith管理學院組織心理學諮商博士

過去幾年，我接受企業的邀請提供一對一企業教練服務，協助引導中、高階主管在晉升不同的位階時，重新檢視自己，調整心態，以成功面對新位階的挑戰。教練歷程中，客戶屢屢驚訝地發現「過去自己引以為傲的待人處事模式」是造成今日摩擦衝突的關鍵。時代改變，部屬面對的困難與挑戰也大大不同於過往；如何打開思維，隨時帶著學習的心態來看待挑戰，將是當今企業領導者的重要關鍵能力。David 教練這本書，為當今領導者如何具備學習的心態與思維，提供了最佳例證。

——曾郁卿，光點國際管理顧問有限公司首席企業教練

　　我還是中階主管的時候，常熱情地急著想要改變一切不合理。但現實的無常或是老闆的冷漠，卻常讓自己陷入無力的挫折中。還好那時我常和以前電子所的老長官陳興海董事長（現為晶豪科技董事長）聚會，我永遠忘不了他問我說：「你知道怎樣才能『積極而不急』嗎？」一位好的教練，一次好的對話，造就了一個讓我茅塞頓開的成長機會。真高興陳朝益教練寫了這本《幫主管自己變優秀的神奇對話》，守仁相信這將會是您洞悉教練智慧的啟蒙書。

——嚴守仁，北極星知識工作股份有限公司董事長

意外地收到David的邀請為他的新書《幫主管自己變優秀的神奇對話》寫推薦序，正在構思如何下筆之際，收到一個skype訊息，是一家我們所輔導公司的高階主管找我，對方急著想跟我通個電話。

身為該公司的品牌教練，我為該公司感到高興，從和該公司廣泛地互動接觸中，我感覺到這家公司其實已在不知不覺中進入了David在本書第五章所提的「活力團隊」，而我們輔導該公司所使用的方法，除了分享專業上的知識經驗以外，我們其實也採用了David積極向台灣企業推廣的coaching方法。

微笑品牌學堂在創辦人施振榮先生的領導下，以協助台灣企業發展國際品牌為使命，並積極與各界分享了十多年前宏碁在發展品牌初期所採用的「全員品牌管理」精神和方法，台灣企業如要從OEM／ODM轉型到自有品牌的發展，企業文化與管理模式的改變為首要之務，此乃攸關「全員」的事，企業如果能導入教練的文化，就有機會扭轉目前台灣企業在發展品牌過程中所遇到關於領導力、創新、人才發展、顧客導向……等方面的問題與挑戰。

閱讀本書除了可獲得關於團隊主管如何扮演教練角色的方法，其實David也透過本書把他數十年的團隊領導經驗與大家分享，這些經驗經過多年的累積、沉澱與淬鍊，再經過系統化的整理與歸納，集結成本書實務情境對話的重要內容，閱讀過程猶如

一位資深管理教練對你傾囊相授，領你進入高效團隊領導的知識殿堂。

——陳柏憲，前智榮基金會／微笑品牌學堂執行總監

現今產業的遊戲規則不斷改變，企業主管常陷入被淘汰的恐懼之中，而過去的成功經驗更成為現在的包袱，許多有價值的員工與創新因此被忽略，造成企業莫大的損失。

以教練為基礎的管理模式能提供有效的方法讓組織向上發展，並且提供企業主管新的思維，透過教練式的互動發展員工的潛力並與員工一同成長。我有幸在教練式管理的領域中接受陳先生的引導，並獲益良多；我非常建議主管將教練式管理融入企業文化中，創造企業、員工與個人三贏的局面。

——劉子鈺，前研華科技協理

陳朝益老師是我的教練，他教會我兩件事情，第一件叫「陪伴」，第二件叫做「停止」。

什麼是「陪伴」？常常我們和家人在一起最常忘記陪伴，雖然人是和太太小孩在一起，但是心卻在書本上、事業上。我現在學會，孩子叫我陪他玩大富翁，我就專心陪他玩大富翁。老婆要我看一個網頁，我就移動到她的身邊，好好陪伴她看網頁。學會了陪伴，讓我和家人的感情更好。

什麼是「停止」？這是有一次我們教練園地的聚會，大家討論正熱，陳老師卻說，我們太High了，需要「停止」。於是我們會議停止了幾分鐘，降低了溫度，活動才繼續。這件事讓我學到了重要的一課，現在每當我心浮氣躁，我就知道停止的時候到了，我會設個鬧鐘，告訴自己時間到以前都不能夠做事情，我需要「停止」。

　　如果你問我從「教練」身上學到什麼，我會回答，教練讓我成為更好的領導人，自己能夠學到新的能力，面對生活及工作的挑戰，教練是一盞燈、一席話、一段路，讓我們的人生之路不孤獨，感恩我的教練陳老師。

——張永錫，幸福行動家／時間管理講師

　　對於企業的B-level和C-level幹部，如何設計人生的事業目標？如何合理的規劃職業發展通道？需要經歷哪些磨難和挫折？如何在順境中洞悉危機，如何在逆境中執著崛起？……這時候，如果有一位人生導師，如一盞明燈，在黑暗中指引方向，照亮道路，那麼將是人生的大幸。

　　陳朝益先生是我的恩師，他融合東西方文化，集跨國企業高管經驗，以基督徒的虔誠與無私，為我們分享「讓主管自己變優秀」的秘密，幫助我們在職業瓶頸期或轉型期，提供那思想上的一道亮光，鼓舞著我們健康快樂的成長，走向成功。那麼，一起

讀一下陳朝益先生的新書吧，聆聽一下陳先生的智慧分享，多一份思索，每天多一份努力，多一份感恩，你會飛的更高，更堅強。

——邢科春，上海玖悅數碼科技有限公司創辦人

　　我是透過我最要好的一位朋友認識陳朝益老師的。我的那位朋友在北京開了一家公司，也一直在和陳老師學習。他當時極力向我推薦陳老師。在後來，陳老師一直在指導我一步一步地從一個「技術部門主管」邁向一個「事業部門主管」成長。每一次和陳老師的學習交談都能讓我認識我目前的狀況，看到自己的瓶頸和下一步該走的路。正是陳老師的教導帶領我成長到更高的層次。我真是很幸運能有這樣的機會。

　　當我讀到陳老師的這本《幫主管自己變優秀的神奇對話》，我愛不釋手。我感覺自己彷彿就是書中的主角「大剛」。雖然我在美國工作，我時常面臨「大剛」遇到的環境和壓力。書中「陳老師」對「大剛」的一步一步引導，也就像現實生活中陳老師對我的引導一樣，非常有效實用。

　　很高興陳老師把他多年的經驗通過這本書傳授出來。它對每一個在職場拚搏的管理者都會有巨大的幫助。

——肖民，前美國 Vertica Systems公司系統部協理

目錄

我們不缺知識，
我們缺的是感動人的故事，
並激勵我們採取行動

有一天，我在書店買書，看到一個年輕媽媽帶了兩個孩子買了一本書，店員給她一個袋子裝書，那兩個孩子就吵著要幫媽媽提那書袋，這年輕媽媽也拿他們沒辦法，只見那個店員停下服務，拿來了另一個空袋子走到台前，對着這兩個孩子說「阿姨再給你們一個袋子，一個裝媽媽的書，另一個裝阿姨給你們的新書介紹，你們每人提一袋，好嗎？」兩個孩子高高興興的各提一個袋子走了，我也看到這媽媽給這店員一個感激的微笑，我也深受感動，也在旁邊給她一個微笑！

美國有家華人開辦的企業叫ZAPPOS，在2010年被亞馬遜網路書店併購了，它是一間網路鞋子專賣店，也是美國服務業的標竿，該公司新進員工在經過兩個月培訓後，有兩個選擇，一個

是認為這是自己合適的企業而留下來，另一個是拿美金四千元走路，老闆的用人哲學很簡單：「這是網路服務業，唯一關鍵的要素就是人，要有溫暖的人」，他要員工不管在線上或是電話上，都要顧客能體驗出來他們的服務熱情。於是就流傳出許許多多的動人故事。其中一個，是有個員工在處理退貨時，在包裝紙內意外的看到一張留言說「抱歉，我用不著了」—這個員工嗅到一絲不尋常的味道，因此打電話給那個顧客，後來才知她是為他丈夫由戰地歸來時為他預備的，但是他戰死沙場，用不著了。故事到這裡並沒有結束，這位員工馬上採取行動，除了主動送鮮花慰問外，還在公司裡大家傳遞簽名慰問卡，讓這個顧客備覺溫馨，這樣的故事一個一個傳開了，今天，這家企業總部已經成為美國賭城拉斯維加斯的另一個景點，他們接待訪客，訪客們也樂於參訪這家讓他們感動的供應商。

有一家飯店叫卡爾登（Carlton），他們內部有定期的「感動人的故事」比賽，其中一個故事叫我深刻難忘：一對夫婦到洛杉磯度假，有個晚上他們在酒吧喝酒，無意間透露出他們來洛杉磯的理由—他們原本的夢想是到夏威夷，但是因為男主人罹患癌症，不能遠行，只好找個最靠近夏威夷的點代替，這行程有些哀傷。酒吧的服務生聽到了這個消息後馬上告訴經理，這經理也沒閒著，召集所有能動用的資源，在這對夫婦還沒回房前的半個鐘頭，將這對夫婦的房間裝飾成夏威夷的風味，換了夏威夷花式的

床單浴巾浴袍，還有椰樹，門牌……等，你可以想像到這對夫婦看到時的感動，這個故事就這樣一代代的流傳下來，這來自於一個飯店經理的決定。

在上週，我和太太吃過了午飯，在路旁看到一個賣芋圓豆花的連鎖店，因為剛吃飽，所以我就只點了一客，店員告訴我他們店內的最低消費額是每個人四十元，我們有兩個人，「所以抱歉不能進去坐」。雖然那時店裡空無一人；我聽了之後，你可以想像我的決定，沒買走人，我太太還讚我有骨氣──這結果也是一個店長的決定所致。

再說說另一個經驗。有回我到南部出差，訂房的那旅館住房時間是下午三點鐘，我下午十二點半到，告訴櫃檯小姐說我在三點鐘有個會，希望在兩點半以前能給我入住。我看著人來人往，中午有許多人退房，到了兩點我心裡開始急了，問櫃檯，她還是告訴我要等到下午三點，「這是公司的規定」。最後我按捺不住了，直接找上值班經理，你猜結果是什麼呢？直接入住。我的決定是：下次不會再來。

有一次我到市場買一包狗飼料，剛好在打折，我就想多買一包，店員告訴我，一個客戶一次只限買一包，我笑了笑，問了店經理：「你們打折不就是為吸引更多的客戶嗎？現在我來了，又不缺貨，為什麼不賣呢？」經理聳聳肩，我只好依規定，結了帳出門，然後再入門買一包，心中無比的憤怒，並決定以後不再來──

這也是一個店長的決定。

　　這也使我想到傳統市場到現在還能存在的理由，早期我爸爸在市場賣菜，他會預備一些蔥薑蒜在旁邊，在算好價錢後，會塞給每個客人一把蔥或是薑蒜，客人體驗到那「溫度」，這是在超市沒有的感覺。

　　我相信我們身邊信手拈來有許許多多這類的小故事，這些員工都在為公司做事，也都遵行公司的規定，只是差別在於「做對的事比把事情做對更重要」，許多的員工忘記了企業存在的本質和目的，是創造價值，吸引顧客，提高業績，增加利潤，最終的目的是強化客戶的滿意度，就是那我稱為「溫度」的東西；但是許多員工卻把公司的規定擺在顧客之上，往往怕會被公司的稽核部門質疑，「為什麼要破壞公司的規定？」而且我相信這個現象在每個企業都有可能存在，而這個結我們該如何來處理呢？

五度空間的教練型新領導力

　　當一個國家或社會的個人年均收入超過一萬七千美元時，他們就開始由工業化走入市場導向服務型社會。工業化社會強調的是生產力和效率，基本上是流程管理；市場導向服務型社會強調的是創造價值，不只是做「交易」，更重視「交易過程的體驗」；

今天其實我們都在服務業，它的成功常常決定於第一線員工給顧客的「體驗溫度」，這些部門可能是企業的銷售或服務團隊，或是到處存在的便利商店、快餐店、髮廊、餐廳、書店和政府的服務窗口，要讓這些現場有活力、動力和熱力，中階主管是關鍵人物，他們的領導力也是企業成功的關鍵要素。

但不可諱言的說，我們今天站在工業化和市場服務導向的時間交口上，高階主管們要求的是數字目標、更是管理效率，中階層主管們面對的則是多元、多變、更複雜的市場和消費者更年輕化的社會，也面對更多關於「人」的困境和挑戰；上一代人的經營理念正在被改寫，新一代的主管們該何所適從呢？也由於企業正面臨一個由工業化時代走向市場化服務化的消費者時代，經營者不只要能有傳統的管理三度：「廣度，高度和深度」，更要考慮另外新的兩度：「角度」和「溫度」：要由客戶的角度和由員工的角度來看問題，而且對客戶和員工的態度都要有溫度，這是一個五度空間的「教練型新領導力」時代。而這本書，我們就要藉一個故事來談談中階主管也能應用的新領導方法。

這本書裡，主角「大剛」的經歷就是一個社會人的縮影，大剛是你我身邊所熟悉的朋友，他可能就在你的公司裡，他也可能是你的鄰居，你的好朋友，你家附近社區裡便利商店或髮廊裡的店長，你熟悉的自助餐店或餐廳裡的經理，或者他也可能就是

你，昨日的你，今日的你或是明日的你。

　　大剛還年輕，三十出頭，學校畢業後就在這家企業由基層幹起，他聰明能幹，也願意學習，熬過了幾個年頭，皇天不負苦心人，有個獨具慧眼的老闆看上了他，給他獨當一面的機會，他做了三年多的「專案副理」，負責一些專案的規劃和協調，也負責流程的管理，在這同時他也參加了一些專業的培訓；在老闆和同事的面前，他是一個非常聰敏（SMART）的人，做事認真負責，說到做到，絕不找藉口；簡單說，他是個「靠得住的人」。總算媳婦熬成婆，在六個多月前，公司銷售部門有一個「北區銷售經理」的空缺，資深主管們都認為這是個合適的舞台，可以讓大剛再上層樓大顯身手；大剛心裡確實高興也很感恩，他投入這家公司的決定沒有錯，他的耐心經歷過一些困苦的熬煉也沒有白費，最重要的是他的管理和領導知識和能力可以在新職務進一步發揮，他也非常的高興能在這家公司繼續發展。

　　大剛不缺知識，他在公司內部和外部經過了許多的培訓，他是公司內所謂的HiPo（High Potential，高潛力人才），是重點培育的對象。但是在他接棒六個多月來，他發覺有些手忙腳亂，業績下滑，關鍵人才流失，團隊內的氣氛有些詭異，自己的家庭生活也亂了，自己身體也有許多說不出來的小毛病；最令他苦惱的是他對自己的信心在快速的喪失，無論投入再多心力好像都沒有什麼效果，找不到著力點，以前職涯的所知所學好似都派不上

用場，他有些心慌了，他需要一條救命的繩索，否則他必須下台
走人，這是公司的老傳統。大剛該怎麼辦呢？故事就由這裡開
始⋯⋯

當鑼聲響起

我的角色和責任不是幫助解決你的問題，
而是幫助你有能力成為一個好的領導者，
有能力處理你日常面對的挑戰。

天暗了，大剛看看手錶，七點半，大部分的員工都回家了，他看看窗外的車潮也慢慢散去，是該回家吃晚飯的時候，在還沒被提升到今天這個「北區銷售經理」的職位前，他是個標準的專業經理人，績效特優，只管專案不管人，他可以完全的掌控自己的進度，六點半前可以到家吃完飯，陪那兩歲的孩子玩玩親子遊戲，和太太聊聊天，再上看看「臉書」和朋友們聚聚，睡覺前再把電子郵件處理好，老闆和同事說他效率高、績效好。

現在我該怎麼辦？

可是，今天他知道他還不能回去，他還有好多好多的事要辦，在開完一天的會後，他才要開始工作呢！有許多的電子郵件要回，有幾個重要的電話要打，還有要預備下週參加營運管理部、生產部和財務部的產銷會議，這些都讓他頭痛，業績不斷的滑落，客戶的抱怨不斷，他該在這個產銷會裡說什麼呢？找藉口說什麼都不是他的個性和專長，他以前的「精明能幹」到哪裡去了？大剛是個律己甚嚴責任心重的人，他必得將今天的事做完不可，他站起來走到窗前，看到了自己疲憊的身影，他想著：這是我嗎？就僅僅這六個月，將我自己變了一個人，好憔悴的一個人！

有時大剛自己也在懷疑自己，是否我就是「彼得原理」裡的

那個悲劇人物，被提升到自己能力不能勝任的地步？每天就是忙忙碌碌，不但沒法再回家吃晚飯，連週末也得來公司加班，更別說沒時間和老友的球敘了，以前的體力是不見了，偶爾還有偏頭痛的毛病，壓力壓力壓力……，誰能幫我解開這結呢？

前些年到公司的「高潛力人才領導力訓練班」所學到的那些有關於領導力，學問怎麼不靈光了呢？「開會要對事不對人」，我是這樣學的呀，怎麼幾個資深員工會離職呢？我的善意怎麼不被理解和接受呢？

這使大剛再想到最近幾波的人事打擊，其中有兩位資深員工的離職還震動了「黨中央」呢！他和新團隊老幹部的合作還是不順，第一位是高天才，他是這個團隊最有能力也是最資深的幹部，無論是客戶關係還是市場管理，他都很傑出，他自己也很有企圖心，一直認為大剛這個職位應該是他的才對，並認為大剛是國王的人馬，這個安排對他不公平，心裡一直就有排斥和不服；他們的衝突爆發點就在一次的會議裡，為了一個老客戶逾期付款的事，公司的規定是要在授信額度內才能出貨，但是高天才認為這個長年老客戶該給些彈性，大剛很溫和的建議要能減少壞賬風險，大家努力想想辦法，包含提供付款優惠條件，到底能收回錢的才是實在呀！這對高天才聽起來有些刺耳和挑戰，「我們不是一直就這麼做嗎？憑什麼你一個新手來教我？」結果雙方談得不歡

而散，隔天高天才就提出辭呈，順便一狀告到總公司人事副總那裡，說「憑什麼外行來領導內行？」

屋漏偏逢連夜雨，高天才不但沒有被留住，他還投奔敵營，這對企業造成許多的壓力，也對大剛心裡造成很大的衝擊，未來如何和銷售部門溝通和管理呢？這對他是一門新的功課，必須要馬上學習，管理太緊了，有能力的人不服，太鬆了，又眼看目標達不到，又有壞賬風險，怎麼辦呢？

雪上加霜的是，又有一件事發生在他部門的資深市場專員王瑪莉身上，她是部門的台柱，對市場很有感覺，特別是她的業務範圍裡她是專家，大剛一眼就看出她來，她是自己的影子，聰明能幹積極，為了好好培養她，大剛總是選擇一些有挑戰性的專案給她來做，大剛也親自和她討論並輔導她，大剛自己認為這是一件得意的事，他在做為企業發展人才的大事，可是他也發覺她並不開心，偶爾還會聽到她的抱怨，工作壓力太大，工作量太多做不完，老闆刁難經常把最難做的事找她做，沒時間照顧家庭……等，大剛並沒有將這些話當真；有一天她辭職了，她曾是公司上下公認的人才，這是怎麼回事呀？大剛自認是在栽培人才，怎麼他的善意被曲解呢？

更讓大剛心裡受傷最重的是另一個離職員工到總經理那裡告他，因為她說大剛沒有她的授權到醫院查閱她的病例，最後在她病假完後幾個月就將她辭退了；大剛是有經過她的口頭同意才和

她的主治醫生通個電話，目的是善意的，是要安排她回來時給她一個較能勝任的工作崗位，不要過勞；最後的離職原因是另一碼事呀，怎麼能混在一起呢？怎麼我的善意會被曲解呢？大剛心裡好矛盾。

這些事的謠言不斷在擴散，有人說這就是大剛的個人作風，「有心機」，這聽在大剛的心裡真是百口莫辯好委屈，「我該怎麼辦呢？為什麼做主管這麼難呢？為什麼我在培訓課裡學到的領導管理理論一個都派不上場呢？」

慢慢的，大剛也在懷疑自己是不是適任主管？但是他也清楚的告訴自己，為了達成自己的生涯規劃目標，他必須堅持的學習成長，勇往直前，他必須拿到這張「畢業證書」，但是大剛該怎麼辦呢？「誰能在這個節骨眼上能了解我，幫助我呢？我該怎麼做？」大剛自問。

他在辦公室裡踱著方步，「我有哪些選擇呢？參加培訓課或是看書肯定是緩不濟急，理論學派太多，哪一套對我管用呀？如果找自己的老闆談，他太技術導向，每次和他談，結論就是和對方溝通再溝通，就是書裡的那一套，談到個案時就不靈了，我希望能找到對自己合適的方式來解決我面對的問題，他能了解我的情境，最好也能了解我的個性，那才是我要的解藥。」

向陳教練求救

忽然間，一個人的影像跳進他的腦海裡，就是大剛幾年前剛進公司時他的個人導師，現在人稱陳教練的陳天福協理；那時候他還是經理，現在升職成市場服務部協理，大剛和他很談得來，大剛剛進公司時懷有滿腔熱血和抱負，陳教練幫助他認清現實，讓大剛願意沉下心來，由基層做起，當時他的幾句話叫大剛一生受用：「做你擅長做的事，做你喜歡做的事，做你願意做的事，做你認為有意義的事，你就能出人頭地」，「超越自己的期望目標，你就是成功」，「一個成功的領導人不是靠權力和頭銜，而是靠影響力」，這些話還是深深的刻印在大剛的心田裡，這也是他個人成長的驅動力；只是在過去這幾年，大家都忙，就少和他聯繫了。

「是的，就是他，他是我信得過的人，只是好久沒聯繫，他願意再幫我嗎？他有空來幫我嗎？」大剛深深的懷疑自己的假設，但是最後他告訴自己這總得一試，他沒有其他的選擇，這也是他最好的選擇。

時間近晚間九點，大剛的體力有些不濟，他決定先給這位「陳教練」一封電子郵件，明天再找他談談。大剛的電子郵件這麼寫著：

　　大剛把信發了,他收拾收拾了桌面上的文件,關了燈,離開辦公室,時間剛好是十點鐘,經過一天的戰鬥他是有些累了,但是現在心情就踏實多了,他好似在大海漂流時抓到了一棵浮木。

　　隔天早上八點鐘進辦公室,大剛一向有早到的習慣,依慣例的到茶水間倒杯開水泡杯茶,打開電腦,他看到「陳教練」今天早上六點十二分給他的回信:「上午十點我有空,你可以到我的辦公室來談談嗎?」這是一個好的開始,大剛心裡有點興奮,好似

落水的人看到一隻救援的手一樣，也好似乾旱時對下雨的興奮，他想著自己待會兒該從哪裡談起呢？

十點整，大剛準時的敲敲陳教練的門，大剛是個守時的人，陳教練親自為他開門，看起來他也已經預備好了。

「我今晨看到你的郵件，我可以感受到你的挫折和壓力，我今天能幫上你什麼忙嗎？大剛」，果然是教練，句句中的，沒廢話。

「不瞞你說，過去六個月我一直都不快樂，以前的自信和自豪全部不見了，你知道我不是偷懶的人，為了這個新的職務，我日以繼夜的加倍努力來學習，但是成效非常的差，業績直落，資深人員流動率大增，團隊士氣不佳，互相指責，客戶的抱怨不斷，我必須要安內也要攘外，我看到自己好似在雜技團裡用幾根棍子在玩空中轉盤，每一個盤子都是岌岌可危，我知道我需要幫助！在這段時間也沒時間陪太太吃飯，陪孩子玩耍，工作壓力實在壓得我透不過氣來。偶爾還會偏頭痛，我知道這樣下去，我只有一個選擇：承認失敗！但是這又不是我的個性，我不甘心，陳教練，你能幫助我嗎？」大剛一口氣就將這口悶氣說完，空氣在空中凝結。

停了近一分多鐘，陳教練只是在點頭卻沒說話，大剛將話說完了，心中好是舒暢。

「你認為這是你個人的能力問題呢？還是一般新主管的共同問

題？」

「我也不太明白是否是共同問題，這是我第一次做主管帶人，這是我自己的問題，這錯不了！」

「我可以告訴你，這也是一般新主管的困境，不是你的個案，但是每一個人的解法不同，你願意和我一起來合作解決你的困境嗎？」

「這是我來求救的目的！我們如何開始呢？」大剛有些急。

從一個真正的許諾開始

「我不教你，就好似我剛說的，每一個人的解法不同，我的責任是幫助你找到你自己的最佳領導方式，我用的是『教練型領導力』互動學習法，在開始以前，我們需要有個約定，這是和過去我們的『企業導師』合作模式有些不同的地方」。

「好呀，我倒是有興趣知道你的教練型領導力，是什麼約定呢？」

「我的角色和責任不是幫助解決你的問題，而是幫助你有能力成為一個好的領導者，有能力處理你日常面對的挑戰。」

「太好了，我同意！」

「其次，針對你的問題，我不會給你答案，但是我會引導你找到你自己的答案，可能是經由問問題或是我們的互動談話！」

「這個我也接受！」

「這個『教練型領導力』對談流程需要十個星期，隔週每次兩小時的會談，你要學習能放慢下來，將每次對談的內容學習和相關的反思作業當做是最重要的事來辦，不斷的反思和學習，在日常工作裡學習，要能夠排除萬難的來堅持下去，你辦得到嗎？」

「嗯……，我每天好似個救火員，我不確定……，十個星期對我是長了些，但是這是我唯一的機會了。好，陳教練，我做這個承諾，這是我的選擇，我來排開其他的行程，而將這個會談和學習排在首位，先將它放到我的時間表來，萬一迫不得已臨時有更重要的事，我一定會事先告訴你，好嗎？」

「我看到你的臉色表情，還是有許多的攔阻和猶豫，我可以理解，在這個週末，你可以再理一理，確定你能做到這些承諾，我的教導才會有效。我們可以安排在隔週的星期一清晨七點開始，這還不會影響你的一般行程，但是你要付些代價，要犧牲一些自己睡眠的時間。」

「好，犧牲睡眠問題還小，晚上睡不著覺對我才是大問題！」

為對話暖身

「最後，我還要你做一些我們溝通對話上的承諾，這才會有效：
第一：你要主動提出每次談話的主題，最好是一次一個。第

二：你要能在我們對談時全神貫注。第三：我們間要能夠互相信任，真誠對話，不繞圈子。第四：我們的談話都是機密性的，不可對任何第三者透露，這也是我對你的承諾，會給你一個安全的談話空間。第五：我們雙方都要有學習的心態，來了解對方的處境。最後是：要往前看，要有積極正向的心態，不是來訴苦或聊天的，我們的目的是要往前看，強化我們的能力，問自己我學到什麼？該做什麼？改變什麼？這也是最重要的。這些要求有些繁雜，但是這是建立互信的基礎，你能認同這些必要的承諾嗎？」

「這倒開了我的眼界，這是不同的談話方式，我會牢記在心，我願意學習。」

「好了，那我們就由下一個星期一開始吧，我們七點鐘開始，地點就在我們的一號會議室，好嗎？」

「在你離開前，我們需要做些預備，如果我聽得沒錯的話，你的主題是偏重在你個人領導力的發展，是嗎？」

「不錯！」

「那我還要要求你在週日前再做兩個預備事項。第一：將六個月前，你還沒轉到現在這個工作崗位時的績效評核表給我做個參考。第二：能否找負責你單位的人事部門主管，麻煩他或她在這幾天做個私下採訪，和你的老闆同事和部下談談，請他們給你一些反饋，我需要了解他們對於你的領導力怎麼說？希望在下週一我們見面前有這些基本資料。」

「時間是有些趕，今天是週四，我留有自己上次的績效評估，另外麗婷是負責我們這個單位的人事主管，她很受大家的信任，我來請她協助，應該可以及時做好這個採訪報告。」

「好的，那我們下週一早上七點鐘見！在你離開前，你能告訴我你由今天的談話裡學習到什麼嗎？」

於是，大剛看著他筆記本幾個劃線的部分唸了出來：

我在關鍵時刻做的決定

- 我有動機：在面對「關鍵時刻」我自己解決不了的困境時，我勇敢尋求外來的專業幫助。
- 勇敢走出來：我及時採取行動並走出來，也找到一位我信得過、談得來的教練來幫助我。
- 找到貴人：他要使用教練型領導力的教導，他不給答案，答案要我自己找，自己負責。
- 我的責任：我要能主動提出討論的問題，經過互動對話，找到我自己要的答案。
- 這是個安全的空間，我們所有的談話都會是保密的。
- 把這列為我的優先大事，必須排除萬難去進行，這也是我的承諾。

聽了這些承諾，「陳教練」滿意的笑了—看起來，這是他為公司培育一個教練型主管的好機會。大剛有動機、動力、熱情和企圖心，他也不想錯過這機會。

大剛出了會議室的門，聽到一聲鑼聲響起，這是他以前為激勵團隊士氣所創立的傑作，老闆們也都很支持，每當有一筆新的訂單或是激動人心的好消息時，員工可以到接待中心那裡敲響一次鑼，讓全公司上下的人都聽得到！

而為今天的會談，大剛在心中也為自己敲響了一次鑼！

發現新的自己

主管一定要知道這一點，
自己的善意對員工或顧客不一定有價值，
除非他們需要。

在整個週末，大剛心裡一直在想著：陳教練要如何來幫我的忙呢？他能幫得上忙嗎？我該做什麼預備來面對週一的會談呢？談什麼呢？壓力是暫時解除了些，但是心裡還是七上八下的。他決定和她的太太愛倫在週末分享這個新的起點，就在他們熟悉的一個餐廳裡。

「愛倫，我很抱歉在過去六個多月，為了新的職務，我犧牲了家庭生活，忙得沒日沒夜的，也沒時間和你分擔家庭和孩子的事，但是我的努力還沒有成功，我的心情也是非常的差，這是你可以體驗到的；如今我在公司裡找到一位導師，他是我們公司的客戶服務部協理，我們都尊稱他陳教練，他願意協助我度過這個困境，雖然心中的大石頭還沒有完全放下，但是今天心情就好多了，站在你的立場，你覺得我該和教練談什麼主題呢？」

「大剛，你的工作專業我不懂，但是我會建議將生活和工作的均衡加進你的討論內容裡，如何讓你能兼顧家庭生活，到底家庭的完美才是你工作的最主要的意義，是嗎？」

「嗯，這我同意！」

週一，大剛起個大早，五點半就爬起來了，他要赴七點的約，在週六晚上他已將個人的績效評核表送郵件給陳教練，麗婷也在週日將大剛的老闆，同事和員工對他個人的評價和相關文件

都送到陳協理和大剛的郵箱裡了。

六點鐘出門，路上有點塞車，但是應該還可以及時趕上約會的時間。當大剛將車停好，進入會議室時時間剛過七點，他敲敲門，看到陳教練已經在那裡等侯了。

「教練，你早，抱歉遲到了，」

「你早，我也剛到，你泡杯茶，那我們就開始了。」

「首先我要讓你知道我已經收到你和麗婷的資料，我在週末看過了，這是很好的開始。」

「謝謝。」

收心操（check-in）：全神貫注

「在每次的討論前，我們有個約定，要能夠全神貫注，你還記得嗎？」

「是的，我已經將手機關掉了。」

「這還不夠，還要將你的心思意念暫時關掉，還要學會倒空、留出些空白，才能專注在我們的談話裡，也才能容下新的學習內容。」

「那我們該怎麼做呢？」

「我們來做個收心操，請你將眼睛閉起來，做個深呼吸，停個三十秒鐘，將你現在心中想的和煩惱的事全部說出來，並大聲的

告訴自己說：我在接下來的兩個小時裡要選擇專注，我決定將其他的事放到一旁去！」

「我決定將我現在心裡所想的、操煩的事，包含待會兒我要和教練談什麼？擔心這樣談會不會有效？早上的產銷會議怎麼辦？蔡主任的辭職信怎麼處理？我決定將這些事暫時拋開，選擇專注！」大剛學著跟上來。

「很好，我也選擇將我所關心的三個客戶抱怨案子暫時拋開，在下兩個鐘頭裡，選擇專注在我們的談話裡！」

其實，大剛心情有些「HIGH」，教練卻沒有再開口，他也不好意思張開眼，氣氛凝結了近三十秒鐘。

「我們都預備好了，大剛，今天我們由那裡開始談呢？」

關鍵時刻的關鍵決定

「我以前對自己的管理和領導非常有信心，我也非常努力的學習，但是一派到前線，發覺課本學的和實際的運作還是有許多的差距，面對業績直直落，核心員工的離職率高，士氣渙散，我壓力好大，我幾乎要放棄，你能幫助我提升我的領導力嗎？我認為這是我今天面對的基本困境！」

「我可以感受到你的壓力和挫折，這是你的關鍵時刻，你也必須要先做個關鍵決定，我們才能談到正題。」

「是什麼？」

「你要先做個決定，在面對這個困境時，你選擇將它當成挑戰來積極面對呢？還是承認失敗？」

「對我來說，這個答案是清楚的，這也是為什麼我積極尋求幫助的原因，我不會放棄！這是一個機會，我必須要跨過去！」

「我看到了你的動機和動力，只是在開始對談以前，我必須再和你做一次的確認，而且要將你的決心大聲的說出來。你剛才做到了，恭喜你！讓我來說個故事給你聽：

有一隻羊掉到井裡了，井又深又窄，他的主人實在是想不出什麼辦法可以救他出來，最後就只好給它埋了，免得它受苦或死後發臭，主人將泥土一剷、一剷的往井裡放，這羊兒對那些從上而下的泥土不斷的由身上抖掉，慢慢的，土越積越多，羊兒身體

也慢慢的墊高了，最後就活著出來了！對這些『泥土』，你是將它看成埋葬自己的材料呢？還是勇敢面對，讓它成為你成長的資源？這是關乎態度的問題。」

「我聽懂了，謝謝你。」

尋找走出困境的著力點

「好，釐清了態度和意志力的問題後，我們可以回到你的問題，為什麼你認為領導力是你的基本困境呢？」

「我自信自己的管理能力不錯，特別是對事的管理能力；但是對人的管理就顯得不能得心應手了，我分析大部分的問題都是發生在人的問題上，但這不能只靠理論，要有些經驗的累積，才能精準掌握，你能幫助我嗎？」

「那你認為我們該從哪裡開始呢？」

「我們可以由我個人六個月前的績效評核表和近日老闆員工和同事們對我的評估和期望，也許這裡可以找到著力點」。

「太好了，我們就由這裡開始吧？這是你前任老闆蔡經理在六個月前給你的評估……」同時，大剛則拿出另一份人事部門麗婷提供有關他個人的匿名訪談資料。

陳教練開口問道：「你個人認同這兩份資料上說的觀點嗎？這是最重要的，你發覺有什麼共同之處嗎？」

績效評核表

被評核人：王大剛（專案副理）

【優點（成果）】
創新能力強，改變商業模式，為公司創造了10%的新
成長機會。
很有衝勁，執行力強，說到做到，達成率95%。
對事（專案）的管理專業，有非常好的規劃。

【需要改善的地方】
較缺耐心，在跨部門的會議裡常會不歡而散，而沒有結
論。
溝通能力：要求完美，這是好的，但聽不進去其他部門
的反饋。
和他人的合作：凡事要主導，用自己的方法辦事。

【總結】
大剛是個非常好的專業個人貢獻者，再經過團隊合作的
發展後，可以成為高潛力人才。

評核人：蔡明勳 市場部經理

人事部採訪資料

對王大剛經理的反饋（機密文件）

- 做事能力強，很有衝勁，有理想，也想有一番的作為，這是我們所認同的。
- 本位主義太強，太過強調自己的想法，而忽視傾聽其他部門的意見。
- 王經理的許多想法不切實際，我們開始都說了，他卻都認為我們在找藉口，最後我們就不說了，看著辦好了，有機會就另謀出路了。
- 我們提出一些新的想法，都被他駁回去了，但是市場在變呀？我們不能老是被挨打啊？
- 自信心太強，有些驕傲，比較難談得來。
- 太過細節管理，每天開會時就下命令，指責我們沒達標，不聽聽我們的困難，給我們必要的協助。
- 在老闆面前扛不起來，責任全推到我們身上，沒擔當，我不尊敬他，也不相信他有能力做好。
- 在他身上學不到東西，為他做事沒前途。

「我對我前老闆蔡經理的評論完全同意，這是我的優點也是缺點，這也是我努力在改善的部分，但是我不明白，為什麼到這個單位來，同事們對我就有不同的解讀呢？而且是如此的尖銳？我該怎麼辦？」

「哈哈，這就是今天我們可以深入的主題了！」

「我們該如何開始呢？」

「你認為呢？」

「我沒有經驗，這是我心中的結，請你幫助我！」

「你認為你今天和六個月前的工作，有哪些不同？」

「嗯……讓我想想。」

談話中止了近一分多鐘，大剛開口了：

「以前管專案，現在要帶團隊；以前自己辦好自己的事就好了，現在要學會團隊運作；以前每一件事要能親力親為，現在有團隊夥伴和你一起來做……」

「還有呢？」

「以前的成就功勞算自己的，現在的功勞要算團隊的！」

「很好，還有嗎？」

「我能想到的，就這些了。」

我是個好司機：新角色和新責任

「好，我再問你一個問題，如果假設團隊是『一部車』，你是

旅客還是司機？」

「嗯，當然是司機了。」

「那你前一個職位是司機還是旅客？」

「是旅客！」

「差別在哪裡呢？」

「司機必須要有目標，要告訴旅客目標，路線，並且要時時專注，許多旅客能做的事司機都不能做了！我曾經歷過一個難忘的旅程，司機在路上不斷的為我們介紹附近的風光，讓我們整車上的人活力十足，那是一個難忘的旅程！經你一問，我才想到，這是一個責任的大轉變，是嗎？」

「是的，你是跨到另外一個專業領域，而不是你過去的延伸，你同意嗎？」

「嗯。」

「那你要能了解你做好這個工作的成功要件是什麼？什麼是你過去的優勢可以強化的，哪些必須要捨棄，哪些必須要新學習！要加速的學，謙虛的學！你能想出來哪是什麼嗎？」

「哇，大哉問，我怎麼沒想過？讓我想想……，我必須學習如何與人相處，而不能獨善其身；我必須考慮到他人的處境，學習傾聽；我必須學習放手，讓員工有空間發揮他們的想法，不能凡事要求用自己的方法做；我看到自己的盲點了，我目中無人，所以他們不願意和我合作！還有……」

「你暫停一下，你有非常好的發現，但是不要急著只看到改善的部分，這是人性的弱點，我們先談你的成功要件，那是什麼呢？先看大局好嗎？」不錯，改善是最容易回答的問題，現在大剛必須再想想，再提升自己的高度，自己當司機的高度……。

　　「要團隊能互信合作，同心合力的達成團隊目標」，大剛覺得有些高調，但是也是他所知道的。

　　「還有嗎？」

　　「暫時想不出來了。」

　　「好的，你的哪些優點可以延伸過來或可以再強化的？它可以幫助你達成這目標。」雖然大剛答的不是特別具體，但是陳教練不想讓大剛自己喪失熱情，他決定就由這裡開始著力。

　　「我做事的流程規範管理，我的創新能力和執行力，這是我引以為傲的。」

　　「還有嗎？」

　　「那就是做事的態度了，我說到做到！」，大剛一臉笑容。

　　「還有嗎？」

　　「暫時沒有了。」

　　「那我們再回來你要捨棄和成長的部分，那是什麼呢？」

　　「我還可以花更多的時間和員工在一起，和他們面對客戶，了解他們的困難，聽聽他們的想法，給他們支持，而不是只做後台管理。」

「非常的好，還有哪些你決定捨棄呢？這個部分比較困難。」

「我的孤立獨行，我知道我心裡有些高傲，我特意和員工保持距離，我以為這是我自己的秘密，沒想到他們也看得出來，嗯，還有我的自我中心思想，我以前沒想過關心過別人心裡的看法。」

「還有嗎？」

「暫時沒有了。」

「好了，我們剛剛討論幾個非常基本也是重要的主題，基於你現在新的角色和責任，就是北區銷售經理，你現在是誰？有人叫它『使命』；你需要做什麼，不做什麼？也叫『價值觀』；你和你們要到哪裡去？這叫『願景』；我們就在這裡做個總結，你學到什麼？」

大剛很驚訝，剛才的談論可以和課本裡的「使命、價值觀和願景」能接上來，而且可以用在他帶領這個小的部門上呢！他靜下幾分鐘，一面想一面寫在他的筆記本上，最後他唸出畫紅線的幾個重點。

> ## 我是個好司機
>
> - 我的新使命：我是團隊的司機，我希望我的團隊有活力，大家能互信合作，同心合力達成團隊目標。
> - 我需要做什麼：多和員工在一起，了解他們的需要，有耐心去傾聽他們的意見，支持他們的想法，適度的溝通，不要過度堅持自己的看法，給員工足夠的發展空間。
> - 我什麼不做：不做細部管理，不堅持己見，不目中無人，做個領導團隊的人。
> - 我們要到哪裡去（目標）：活力團隊，業務增長，大家成長。

對事不對人，夠嗎？

「剛才你提出要和員工有好的關係和信任，我同意這是很重要的基石，你會怎麼做呢？」

「我以前學到的幾個理論，在其他人身上好像滿靈光的，但對我就不管用！」

「你能舉個例子嗎？」

「比如說：對事不對人，我剛開始就對我的團隊的人大聲宣告這個做事法則，為了大家能把事情做得盡善盡美，我還在每週五下午有個『找碴會』，目的是希望將團隊裡運作上的小問題找出

來；我也對大家說我用人的原則是：用人不疑，疑人不用，可是團隊裡最重要的核心員工卻一個一個要離開了，我不懷疑他們，是他們懷疑我嗎？」

「大剛，你不要太激動，你說的都沒錯，理論也沒錯，但是你知道在實施這些理論以前，你還缺了一個最重要的元素嗎？」

「是什麼？」

「關係和信任。」

「這有這麼重要嗎？他們信不過我嗎？」

「這不是他們信得過或信不過你的問題，這是人的天性，你在他們身上要建立你自己的『信用存款』，他們才信得過你，這是必要的流程。」

「那我該怎麼辦呢？」

「容我用問題來探討你需要的答案，第一：當老闆怪罪你們團隊沒有達到目標時，你會怎麼做？」

「那是我們團隊的問題呀，在老闆面前我會說我們要一起再努力！」

「這你沒給自己在團隊面前加分，因為你沒有在老闆面前獨自扛起責任，你要告訴他說這是你的責任，你沒有做好一個主管的責任；員工知道了，會給你的領導力加分，這就是一個對你的信任存款！」

「這個說法對我倒是新鮮，我願意學習，還有嗎？」

「如果老闆說你的團隊表現傑出，你又會怎麼做？」

「嗯，用我的思路，我還是說這是團隊共同的努力，對嗎？」

「這就對啦，有成績歸功給團隊每一個人，有責難要自己一肩扛責任！這就是領導力！對事不對人還不夠，還要學習會做事更會做人！」

「好偉大的一堂課！」大剛學到新的一課。

員工優先的文化（EFCS, employee first, customer second）

「我再問第二個問題：在你心中，人重要還是數字重要呢？」

「這不難，人最重要！」大剛說得有自信，他已經有深刻的體驗。

「不錯，那如果一個員工家人生病送急診，可是碰巧和大客戶的簽約會議時間衝突了，你會要他怎麼辦？」

「嗯，這個有點為難，要為兒女私事得罪大客戶有點划不來？這個我拿捏不來，你能告訴我嗎？能否請員工待會議開完再趕過去？」

「你再看看你剛才的回答，這是『人重要』的做法嗎？現在有許多的好企業就將EFCS列入他們的企業文化裡。沒有好的員工，那會有好的客戶服務？我看到許多好的人才因為企業的好名聲而加入，但是卻因為他直屬老闆的一個錯誤意念而離職。你剛才的

猶豫可能會造成員工對於你的信心盡失。」

「嗯，我自己站在員工的立場再想想，確實是這樣的，我認同！」

「下次記住，當員工家裡有急事，馬上叫他回家，將家裡的事處理好了再來！這時如果公司如有急事，主管和其他團隊成員就要能及時補上來，領導力就是在這個節骨眼上，這是在帶員工的心哪！像以前有一次我和那時的老闆在歐洲出差，當他聽說我家附近的地區著火了，他就叫我馬上取消所有的會議立刻飛回家看看，這件事叫我一生感恩和難忘。」

「這個我學習到了，這門課對我重要，這是我所欠缺的智慧，謝謝」。

「好的，你再靜下來，針對這個『關係和信任』的課題，你學到什麼？你會怎麼做呢？」

大剛靜下來想想後，寫下了以下的幾行字。

關係與信任

- 努力建立自己在團隊的信用存款。
- 有成績要歸功給團隊每一個人，有責難則要自己一肩扛！
- 員工優先：EFCS（employee first, customer second）
- 人比數字重要：當員工家裡有急事，馬上叫他回家處理。

能受員工尊敬

「做個能受員工尊敬的主管也是你認為是建立活力團隊重要的元素，你會怎麼來做呢？」

「我會盡我所能的來教他們，在每天每週的例會，我也會毫不保留的給他們一個培訓，我可是花了許多時間來預備，可是他們似乎不買賬？」

「你教誰？是他們找你的，還是你主動找他們的？他們有需要嗎？」

「這是例會，在行程裡的！」

「換句話說，他們是『被培訓』？不是自願來的，或我叫它做『被教訓』！」

「嗯，如果由他們的角度來看，是有這麼個味道。」

「做主管一定要知道這一點，自己的善意對員工或顧客不一定有價值，除非他們需要。」

「這點我倒沒想過，我同意你的說法。那我該怎麼辦呢？我沒招數了。」

「我們重新來認識主管的主要角色和責任，是什麼呢？」

「設定目標，找對人才，要有計劃，執行力……」

「這些都對也必須，但是這還不夠幫助你成為一個受尊敬的領導人！你能容許我在這裡給你一些知識性的教導嗎？」

「這正是我所需要的！」

「第一：在人才發展階段，你的員工掌握的知識量可能會超過你所想的，他們不缺知識，缺的是有人給他們一個感動，激勵他們往前行，激勵他們啟動的故事和力量，這是領導人要做的事。

第二：要以成熟的心態來面對員工，不要認為他們不懂，不要看他們是小孩子；但是他們在需要的時候，適時的給他們支持是必須的。他們需要被指點，但不希望被指指點點。

第三：除了你剛才說的領導人的角色之外，現代的主管還必須承擔幾個角色：他必須也是個引導者、挑戰者、激勵者、支持者。針對他們不同的需要，給他們支持成長的空間。員工來公司有幾種心態：由最底層的就業／職業，到高層的事業型員工，就業就是打一份工，職業是領一份薪水，事業是幹一番大事；當激勵的層級在越底層時，員工的心態就越保守，對公司的貢獻度越低。」教練一邊說，也同時在紙上畫下一張圖給大剛看。（見下頁上圖）

「嗯，這有道理，以前沒想過我也可以這麼做主管！」
「在這個主題，你學到什麼呢？你會怎麼做呢？」
大剛在他的筆記本上又寫下了幾行字。（下頁下圖）

由教訓型到教練型

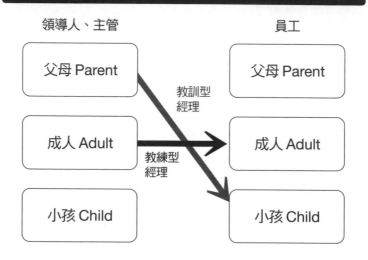

領導人、主管　　　　　　　　　　員工

父母 Parent　　　　　　　　　　　父母 Parent

教訓型
經理

成人 Adult　　　　　　　　　　　成人 Adult

教練型
經理

小孩 Child　　　　　　　　　　　小孩 Child

做個受尊敬的主管

- 不再教訓他們了，針對他們的需要給予指導。
- 以面對成年人的態度來和員工對談，他們知道的知識並不少於我。
- 做個引導者，挑戰者，激勵者和支持者的主管（這是我的承諾）。

價值飛輪：工作與生活間的均衡

「時間也差不多了，大剛，今天你還有什麼主題要談的嗎？」

「有的，還有一個根本的問題，這是我和太太今早出發前的談話，我希望能找到出路的一個課題，這對於她和我有很高的價值！」

「是什麼呢？」

「在我現在的處境，我如何在繁忙的工作裡，還能保有健康的家庭生活呢？在工作與家庭生活間如何取得平衡呢？」

「哈哈，這是一個必經的關卡，沒想到你在第一天就提出來了，不過討論這個主題需要一點時間，今天我們可以多談十五分鐘嗎？」

「我預留了三十分鐘做緩衝，沒問題！」

「好，那我能請你再釐清你的問題嗎？」

「如何更有效經營自己的家庭和工作呢？」

「那你如何在經營你自己呢？哪些事情重要，哪些不重要呢？」

「現在已經亂套了，幾乎是百分百公司人了，我必須重新來過！」

「你能容許我來介紹一個價值飛輪給你使用嗎？這對你規劃經

營自己會有些提醒和幫助。」

「好呀，請說！」

「請看底下的飛輪。」教練在紙上畫了一個圈圈。

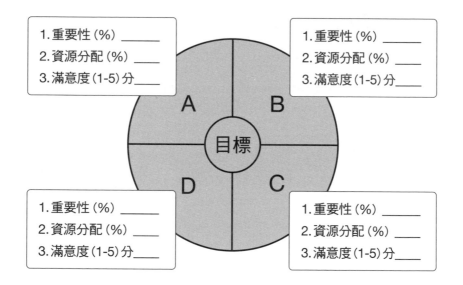

價值飛輪 Big 4

那四件事情對我的改變成功特別關鍵？

「這個飛輪可以應用在你的生命或是工作裡；以生命飛輪來舉例，第一個是代表重要性，你在生命裡哪幾件事對你特別重要？家庭，事業，朋友，自己的成長……等，都有可能是重點，每一個人在每一個階段的重點不同，選出前四大主題，每個框框填上自己認為理想的分配比例，第二個框框填上目前你在每個主題的資源投資，可能是時間或金錢，要問自己這樣的投入合理嗎？最後框框填的是你的目前滿意度，一到五分，你覺得達到那個程度？你如何改善？掌握到價值的重點後，我們再談能量管理或時間管理才有意義，我們再回到你的狀況，你預備怎麼做呢？」

「現在怎麼做還沒個底，但是我知道我要達成什麼目標。」

「這也好，你說說看。」

「每天能在晚上八點鐘前下班，回家和太太孩子吃完飯，週六上午必要可以做些公司的事，但是希望不要超過半天，週六下午能還給家庭，週日是我家人和個人的時間。這是可實現的目標嗎？」

「當然可能，就怕你沒目標，或是目標不切實際，你的目標合理，理應可以達成。我先來聽聽你如何改變自己，來達成這個目標，好嗎？」

「我能想到的方法就是在八點鐘前將沒辦完的事打包回家，晚飯後繼續做……」

「這符合你的目標要求嗎？」

「沒有，但是我實在沒有更好的方法了，你能幫助我嗎？」

「好的，這時我要給你一些挑戰和教導，你平常做時間管理嗎？」

「有啊，但是效果不大，時間被切的斷斷續續的，常常在趕著開會，這時我才知道什麼是人在江湖身不由己！」

「你有多少時間是主動可以掌握的？多少是被動的？」

「大概是百分之八十可以自己掌握的吧！」

「你如何規劃這些時間呢？」

「就按照時間表來跑了，這些會看起來還是必須的，我還能做什麼嗎？」

「我建議你再回來檢討你的使命和目標，哪些會議和報告是必須的或合併的，哪些可以裁撤，哪些必須要新加進來？」

「這個我同意，有些會可以合併開或減少開。」

「還有最重要的是，你有留時間給自己嗎？你每週有獨處的時間嗎？」

「我就是我，還需要這麼做嗎？」

「大剛，這是關鍵時刻，我們談太多的主動，可是如果我們事先沒有想透，沒有靜下來設定目標和做決定，沒有激勵自己的動力和熱情，面對問題時就容易感到挫折失望，而無法再堅持到底。」

「這個我經歷太多，我深深的贊同，謝謝提醒。」

是能量管理，不是時間管理

「既然大部分的時間是你可以自己掌控，我鼓勵你不要只做時間管理，而是要做『能量的管理』，在你能量最HIGH、最高的時候，處理最重要或最複雜的事，效率才會好。」

「嗯，這倒是新鮮的主意，我值得一試。你能再深入分享你的經驗嗎？」

「很好的問題，你同意每一個人每天的能量週期都不太相同嗎？許多年輕人的一天是由中午才開始，他們能量的高峰是在下午和晚上；有些人是在上午，有些人下午有個十來分鐘的午休後，能量高昂；在每週的週期裡也是會有不同，週一上午和週五下午可能會較慢些，這些都是經驗談，你對每個人的能量週期有些感覺了嗎？」

「我聽懂了，我自己的感受也特別的深，我同意！這是一個好的觀點！」

「你還預訂在八點鐘回家吃晚飯，可是事情沒辦完，除了帶回家做之外，你還有什麼點子來面對這個難題？」

「還可以告訴老闆我無法及時交卷了，可是這不是我的選擇，這不是我的風格！」

「你還可以想想其他的選擇，不要忘了，你還有一個和你合作的團隊！」

「哇，我怎麼忘了？按照這個思路，我可能可以針對一些項目找合適的員工來做，我也可以拆散分開來團隊合作，我也可以請他們參與我一起來做……」大剛越說越激動。

「是的，這叫分工和授權，是培育人才的一個重要機制，你可以善用，相對的會減少你的工作壓力和負擔。」

「另外，我們傳統有一句老話叫『今日事今日畢』，在今天這個環境你要重新評估它對你的意義，每件事到我們頭上時，我們有四個選擇：我馬上做，我找人做，我們可以慢點做或根本就不做；如果決定做，那還要問它的成熟期或叫截止日期，按照這個設定目標就好了，時機未成熟，瞎忙也沒用。」

「這個我非常的同意，以前在做專案管理時我就常碰壁，因為時機不成熟。」

「這一段的談話，對於你的問題有幫助嗎？」

「這好似解了我心中的結，忽然輕鬆了許多，太好了！」大剛大聲的說。

大剛靜下來，興奮的在他的筆記本寫上：

能量管理

- 每天和每週固定的與自己有個約會（獨處時間），主動計劃目標，決定做什麼？不做什麼？什麼優先？
- 是能量管理，不是時間管理。
- 不再是「今日事、今日畢」，每件事都有它的成熟期。
- 我有四個選擇：
  1.我馬上做，2.我馬上找人做，3.不急，我們待會兒再做，4.不做。

時間接近上午九點了，員工陸續進入辦公室。

「大剛，在我們每次結束前，我都會問你『在今天的對談裡，你學到什麼呢？』，今天，你學到什麼呢？」

大剛閉起眼睛，若有所思，再看看他的筆記本，他再寫下了一些學習心得。

發現新的自己

- 在關鍵時刻，我做了一個關鍵決定：面對挑戰，我要積極面對。
- 認清我的新角色和新責任：清楚的認知我有哪些要強化，哪些要捨棄，哪些要新學習？
- 員工優先，人比數字重要。
- 做個受尊敬的主管，不要再教訓他們了。
- 家庭才是生命的意義，而生活要均衡，能量管理是要件。

教練看了看，他笑了。

「時間到了，我們下下週一同時間再見好嗎？回去後，你能再給我一個簡單的郵件，告訴我你剛記下的幾個主題，你的感受如何？你預計如何應用在你的工作崗位上？你何時開始做？這需要一些時間的反思沉澱，下次見面時，你也可以分享你的實踐體驗，好嗎？期間如有問題可以隨時和我聯繫！」

最後，陳教練在紙上寫下了他希望大剛再思考的事。

陳教授給大剛的RAA 練習

反思Reflection 應用Application 行動Action

- 我現今的角色和責任是什麼？
- 我有將員工放在優先嗎？我受員工的尊敬嗎？
- 我的家庭生活滿意嗎？如何可以做得更好？
- 我由這一堂課學習到什麼？如何應用？什麼時候開始用？

3

COACHING
BASED MENTORSHIP

發現新的員工

主管們必須認識他們是誰？

好好啟動他們的心，才能期望整個團隊能動起來……

五點鐘，天還沒亮，大剛已經起床，今天是和陳教練會面的大日子，他有些興奮。

　　他帶了送給教練的會議學習紀錄，滿腦子的體驗和困惑，希望今天可以再經由學習進一步的減輕他的心理負擔。匆匆的吃了早餐，他踏上路，他告訴自己「今天不能再遲到」。

　　當大剛在六點五十五分踏入會議室時，他看到陳教練已經在那裡了。

　　「早，陳教練！」

　　「早！大剛，你週末過得還好嗎？」

　　「自從和你談過之後，我設法執行我的新生活，心裡感覺踏實多了，我和家人六個月以來第一次出外踏青，週末我還花了近兩個小時做自我的對話，思考和計劃；我自我感覺良好，現在我活力充沛，我預備好了！」

　　「非常的好，我們還是由收心操開始吧，這個不可免！」

　　他們經過了一輪的「收心操」對話後，下來是一段的沉靜。

　　「大剛，我感覺你很是興奮，你願意分享一下你上次的學習和兩個星期以來你的實踐體驗嗎？」

　　「這是我迫不及待要和你分享的部分，這真是奇妙呀！」

　　「慢慢來，現在還早，外面的院子還沒有人用，你願意泡杯茶到外面談嗎？」

「那當然好！」

太陽剛出來，空氣清新並帶有些暖意，桌上有盆玫瑰花在盛開，大朵花兒艷麗力四射，有幾隻麻雀在地上覓食，看得出來他們是親友團，院子也打掃得乾乾淨淨。

「在寫出我的RAA反思紀錄給你後，我決定要開始改變我的領導方式；在隔天的例會時，我公開的告訴我的團隊成員說『我在學習改變，請你們幫助我』。我可以看到他們的表情，有些震驚。我告訴他們這兩個禮拜，我專注在以下四點並願意做改變：

一、學習會傾聽。二、學習落實員工優先。三、學習尊重個人的差異，和員工能有更多的互動和合作。四、學習調整自己的作息。經過了兩週，我認為我達到80％了，感覺真好！」

「你能說說你是如何辦到的嗎？」

「這真是一段不容易的旅程，但是我很高興我開始踏上這條路了，也謝謝你能幫助我；我將這幾個大項寫在紙條上，貼在我能看到的每一個地方，每天出門前我會告訴我自己『我要成為他們的教練，我的心態要能擺對，要正向積極，要多傾聽多發問給挑戰，而不是給指示；我要對員工的活力狀況很敏感，適時給予激勵；我和他們做一對一的個人面談時，多對員工個人和家庭的關心；多了解他們的熱情和意向』。慢慢的，我發覺他們更願意主動參與我的一些新的專案了，上週我有三次能在八點前回家吃晚飯，我太太嚇了一跳，問我是怎麼辦到的？我就對她說：『我在

學習改變，請你幫助我！』她體驗到了我的改變，給我深深的一吻，好甜蜜哦！」

「我可以感受到你的激動，還有嗎？」

「要分享的事很多，容我以後再一個個的來分享，我知道這只是第一步，我要能夠堅持下來，要能夠持續下來，這是另一個挑戰！」

「你說的對，要能堅持！好吧，今天我能幫你什麼忙呢？」

發現 Z 世代新員工：他們是誰？

「這是一個在我心中解不開的問題，為什麼我的員工在過去總是被動，特別是在上午活力奇差，上班姍姍來遲，對團隊沒能達成目標也沒什麼感覺？這是什麼原因呢？我該怎麼辦呢？」

「你的團隊成員平均年紀多大呢？」

「嗯，我沒做實際的統計，但應該是在26歲上下吧。」

「你知道有人稱這些年輕人叫做 Z 世代的人類嗎？你32歲，即使年長幾歲，但你也是看著科技起飛的一代。」

「我聽過 Z 世代，但是沒在意它的定義和行為，你能為我解釋一下嗎？」

「就是在1995年到2012年出生的一代，我們叫 Z 世代，在中國叫他們為『90後』的一代，在他們長大的過程中，社會經濟

和技術環境有了許多的改變，特別是網際網路的大量普及使用，徹底的改變了這一代的學習和互動模式。你能說說你所觀察得到的，這世代人有什麼特色嗎？」

「我只聽說過他們是水蜜桃族，不能抗壓，沒耐性，流動率高，不會溝通，不善於處理衝突，不太尊敬長輩，有許多的不同意見……，有些我經歷過，有些我認同，有些不太認同。」

「這些都是較負面的說法，你能說說正面的看法嗎？他們有什麼優點呢？你也可以說說你自己的看法？他們要什麼？」

「謝謝你對我的尊重，我來想想，如果是我，我要什麼？被尊重；要被當成人看待而不是小孩；要和談得來的朋友在一起工作，特別是直屬老闆；要有好的學習和公平的升遷機會；要能有挑戰和好玩，但是不要太古板的工作環境；當然薪水不能太差。」

「還有嗎？」

「嗯……，能有些靈活的上班時間會更好，我最恨打卡寫報告和開會了。」

「還有嗎？」

「我能想的大概就這麼多了！」

「你說的很好，如果我聽得沒有錯的話，你說新世代的年輕人的特色是要被尊重，被挑戰，要能學習成長互動分享，要有好的工作夥伴，願意團隊合作，需要自由度，還有一個活潑好玩和活力四射的工作環境和團隊，是嗎？」

「謝謝你幫我做總結，是的。我還要強調我們並不是不尊重長者，而是不喜歡倚老賣老的人，我們還是需要在關鍵時刻被指點，但不是時時在我們背後指指點點的人，不是告訴我們『想當年』故事的長者。」

「這個我明白了，你覺得你的團隊員工是不是和你也有同樣的想法呢？」

「在我還沒被提升到這個位置來以前，我和他們在一起基本上沒有什麼代溝，我們下了班後一起玩，我相信應該是有相近的想法的。」

「好的，那我們暫停一下，你再反思一下，新世代的年輕人有什麼特色呢？他們就是你的員工。」

大剛在筆記本上寫下剛剛陳教練的總結和自己的新想法：

新世代年輕人的特色／大剛思考

- 需要被尊重。
- 需要被挑戰。
- 需要能學習成長。
- 需要有好的工作夥伴，才願意團隊合作。
- 需要自由度。
- 需要有一個活潑好玩和活力四射的工作環境和團隊。
- 在關鍵時刻能有長者指點。

「非常的好，我也來分享在最近幾個培訓場合，一些學員們對新世代人特色的看法，好嗎？這沒有對錯，只代表不同的觀點，多參考以免以偏概全。」陳教練在他自己的紙上寫下了這長長的一串觀察。

新世代年輕人的特色／陳教練分享

- 有主見，勇於表達自我。
- 急於實踐自我，勝於內部整體任務。
- 建議多、抱怨多、方法少。
- 對自己有興趣的事學習力強。
- 需要被尊重，需要關愛的眼神。
- 想像力強，不受傳統束縛。
- 跳躍式思考，沒有穩固基礎。
- 常看高自己，看低他人。
- 追求新鮮感，獨立感強。
- 熟悉3C產品。
- 專注現在，耐心不足。
- 缺乏時間管理。
- 堅持度和續航力較不足。
- 廣度、高度和深度較不足。
- 強烈排斥威權教權式的談話。
- 面對困難，較不耐操。
- 心情寫在臉上。

新世代的年輕人：他們要什麼？

「陳教練，我們對新世代人的特徵有個了解之後，我們該如何來建造一個好的環境，讓他們能盡情的發揮呢？」

「這是一個好的問題，你認為呢？」

「他們需要被尊重，所以我會先傾聽他們的想法和計劃，能傾聽、認同，接納和讓他們參與，我認為就是最好的尊重。」

「說得好，還有呢？」

「他們希望被挑戰，所以我會在大事小事上不忘給他們挑戰，提高要求的高度或深度，或是挑戰他們：一件同樣的事，能有不同的創新做法嗎？他們需要能學習成長，在他們面對問題時，我會多問他們『你認為該怎麼辦呢？』給他們思考的機會和空間，在我的權限範圍內給他們失敗的權利，不管成敗，都要問他們你學到什麼？我們也可以再擴大導師制度的涵蓋層面，讓願意參加的人，能得到資深主管的指導。」

大剛一口氣說出了在心裡的話，這也是他一直在夢想的工作環境。

「還有呢？」

「他們需要工作夥伴，我們可以強化團隊間『部落』的感覺，不只是在公事上，也在生活裡，大家能更親近更合作，所以我認為在上班時的專案合作，我們可以延伸到下了班後的活動，大家

可以一起去聚餐，去做一些公益的活動，讓這個部落有生命有個性有價值；他們需要自由度，只要目標能達成，我們可以考慮更彈性的工作時間，甚至和一些大公司一樣，允許員工有20％的時間自由度，可以做一些和企業使命相關的發想，一些較前衛和創新的點子，能允許和公司內部其他部門的人一起合作。」

「這都是很棒的想法，你怎麼想出來的？」

「不要忘記，我也是看著科技起飛的一代哪！」

「哈哈，一直將你當成另一族群的人，抱歉，還有嗎？」

「他們需要有個活潑好玩活力四射的工作環境，除了剛提到的部落社群外，他們有群性的認同和個人的獨立個性的需求，他們有相似的地方，每一個人也都是不同的個體，我們在和他們對談時要能特別注意；最後是他們需要有個他們尊重的長者在需要的時候給他們指點，就好似你我今日的對談一樣，他們不服權威但是尊重實力，我們可以有導師制度的設置和連結，讓他們自己去找自己尊敬的導師，當他們需要的時候，導師們已經預備好了。」

「非常好的點子，還有嗎？」

「嗯，我再想想……，對了，他們需要被尊重的另一個觀點是，不要將他們當作孩子看，要將他們當成大人、成熟的大人來看待。我以前聽過一句話『嘴上無毛，做事不牢』，這是最錯誤的看法，要讓他們有空間做決定，讓他們有做主人和大人的感覺。」

「太棒啦，還有嗎？」

「嗯，沒有了，一口氣全部說完了！」

「好的，你有些激動，你能再回想一下剛剛你說了些什麼？將它寫下來，這是一段非常好的對話，對你我都有非常高的價值。」

大剛閉起眼睛，他開始在搜尋剛剛說過的話，幾分鐘後，他在筆記本上寫下了這些心得。（見下圖）

新世代年輕人需要的工作環境

- 要先傾聽他們的想法和計劃，能傾聽認同接納和給予參與的機會。
- 在大小事上不忘給挑戰，提高要求的高度或深度，或是挑戰他們做同樣的事，能有不同的創新做法嗎？
- 多問他們「你認為該怎麼辦呢？」給他們思考的機會時間和空間，也給他們失敗的權利，不管成或敗，都要問他們你學到什麼？下次會怎麼做？
- 強化團隊的「部落」的特性和關係。
- 有群性上的「認同」和個性上的「不同」。
- 不服權威但是尊重實力，企業導師的設置是個好點子。
- 不要將他們當作孩子看，要將他們當作成熟的大人看待。
- 和他們使用相同的溝通工具，如Facebook，MSN等。
- 教練型的陪伴：同理心、肯定和支持，接納和獎勵。

人才吸引機：六個 I 的新行動

「好的，那就將心比心吧，你剛才提到你的困惑是你的員工『被動，在上午活力奇差，上班姍姍來遲，對團隊沒能達成目標也沒什麼感覺？』；你覺得做個主管，你該怎麼辦呢？」

「哇，我懂了，我沒有在團隊裡建立一個好的氛圍，讓他們能盡情的開心的來『玩』？我還是太強調管理了，少了點人味！特別是他們需要的味道，就是他們喜歡的氛圍，怪不得有些人受不了我的凡事結果和數字導向作風就快要離職了！我還是太過強調管理了，開會寫報告，員工遲到我還會擺臭臉！」

「那你會做什麼改變呢？」

「理論上我知道，只是怎麼走出去呢？嗯，我還是沒把握，教練，你能教導我嗎？」

「好吧，那我就拿掉我教練的角色，做你的導師，教你幾招我個人的體驗，看看對你合不合適？」

「好的，請說。」

「我來先問你一個問題，你們年輕朋友們晚上一般幾點鐘睡覺呢？早上又是如何起床的？」

「我知道大部分的朋友晚上很晚睡，超過半夜十二點，我個人是用手機早上叫醒。晚上睡覺不關機。」

「是的，我要印證我的一個說法『新世代人的早上是由中午開

始，手機是他們最親密的伴侶」，是嗎？」

「是的，你說的是，丟了手機我的生活作息就會不知所措了。」

「好，面對新世代年輕人的特色，『被尊重，被挑戰，要能學習成長，要有好的工作夥伴，願意團隊合作，需要自由度，還有一個活潑好玩和活力四射的工作環境和團隊』，基本上這些都和主管的態度有重要關聯。我在這裡要提一個『六個I團隊建設的行動方案』給你做參考：Invitation（邀請），Involvement（開放自由參與），Inspiration，Incentive（精神的激勵和實質的獎勵），Innova-tion（尊重創新的點子），Informed（對沒能來的給予告知，幫助他們能跟上來），這和我們常用的「群眾思維」（Crowd sourcing）有異曲同工之妙。

「這些點子對我很新，你能再做更細的解說嗎？它們是什麼，又為什麼要這麼做呢？」

邀請（Invitation）

「你問得好，我來花一些時間來和你交換意見。首先說 Invite（邀請），你有沒有注意到最近的廣告行銷內容有了很大的改變？廣告的主角不再是明星了，而是消費者？洗衣粉，可樂飲料，餐廳，服飾，遊樂場，甚至藥物……等等，許多的企業開始邀請消

費者做使用後的見證人呢？或是參與產品的設計研發呢？有一家製作濃湯廠牌，就邀請當地的消費者提供他們喜歡味道的意見，做出的產品在當地特別暢銷呢。

市場行銷已經大幅採用消費者的意見，我們的組織運作更需要員工的參與。以前每家公司都有意見箱，它的用意很好但是已經過時，我們要建立一個環境讓員工能參與，『邀請他們』是第一個動作，表現主管的誠意和用心，也是對員工的尊重，特別對那些較內向或工程導向或層級較低的員工，要能主動提出邀請，邀請他們提意見，也邀請他們參與一些發想和專案，否則員工很難拿捏清楚主管的意圖，邀請員工參與是個不斷要做的動作。」

「我們不是常常說這是個開放的環境嗎？為什麼還要不斷的做這個動作呢？」

「一方面是表現主管對員工的尊重，一方面是大家都很忙，常常忘了，就自己做自己的事了。更重要的是有些主管言行不一，員工還是不會主動參與，除非有被邀請，這也是我們的文化特色。」

「你說的對！那如何開放參與呢？」

開放參與（Involvement）

「這是一門學問，太多的人參與，而沒有一個遊戲規則，反而

會因太多雜音而壞了事。我認識一家企業，每年都在外部開員工代表和資深主管的『面對面建言會』，寫了一長串的建議事項，但是會開完也就完了，沒有追蹤，員工戲稱這是個年度大拜拜。」

「我自己也有這個經驗，讓他人參與，有時候會更浪費時間，更沒有效率，不如自己做來的快。」

「這是許多主管的共同問題，開放參與有幾個優點，第一是，你可以找到那些有熱情的員工，找機會提升他們的能量，我最欣賞那些主動參與新專案的人，願意在自己的工作責任外，再主動要求或參與加增一些責任的人，團隊會有許多的事會落在那些三不管地帶，如果沒有員工主動出來承擔，那就是主管的責任了；這也是有擔當團隊的主要精神，有員工在關鍵時刻主動出來承擔責任，他們關心團隊的成敗，從這些細節裡，你會發覺誰是企業的高潛力人才，他們就是未來組織主管的接班人選。第二是，這也是建立高活力團隊的挑戰。當團隊面對一個挑戰或是機會時，大家還是個人辦個人的事，或者還是要等待主管的吩咐，這不是高活力團隊。開放參與有些基本的條件或是遊戲規則必須在團隊文化裡建立，才不會亂。最後，開放參與你會聽到不同的聲音，不同的角度和不同的看法，這會增加決策的時間，但是這是值得的。大剛，我再來問你一個有關團隊的問題，當員工面對問題時，你的員工會找誰來處理呢？」

「當然是找主管！」

「好，這是一個好的主題，我來和你分享一個團隊建立的三個階段，你看看這個圖……」陳教練在紙上畫了起來：

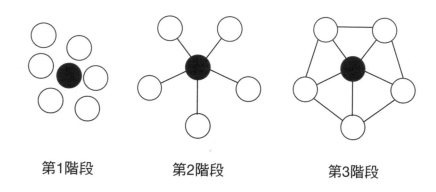

第1階段　　　　　第2階段　　　　　第3階段

「在第一階段裡，員工每個人都認為自己最好，各自獨立做事，個人自掃門前雪。這不是團隊組織，我們不談。到第二階段叫做『英雄式的主管』，他很忙，因為每個人每件事都要插手，直接向他匯報，A員工面對的事要透過老闆才能找到B員工來合作解決，這個現象存在於許多企業裡頭，你會看到許多的會議，大家都很忙，忙什麼？在做協調。到第三階段，我們叫做有擔當（Accountable）的團隊，主管是團隊的一部分，他有他的職責，但是員工間自己有鏈接、也負起他們自己的責任，他們知道什麼事找誰辦理，很清楚的每個人的工作職責和對團隊成員個人強項的認知，在員工間自己就會動起來。大剛，你再來看看你的團隊在什麼階段呢？」

「還是在第二階段！哇。這是我的盲點，怪不得我這麼忙，原

來我在做這些事，最沒有效率的事！」

「很高興你看到自己的盲點！你願意如何走出來呢？」

「我能力不足，請給我點建議！」

「好，這就是我下來要說的部分。要團隊間的個體合作，要先有個體的獨立能力（Independent），再走到互相依靠（Interdependence），這需要極大的勇氣，它建立在互信的基礎上。還要有公平公正和公開的環境，當他們需要幫助時也能得到團隊夥伴們同樣的支持，大家有開放的胸襟，不要劃地自限。」

「如何做呢？」

「開放參與是一個好的機制，我們剛提到它也需要有個遊戲規則才不會亂，不會在原地打轉，老是在內部溝通協調開會，無法做決策而走不出去，或者團隊或主管做了自己不認同的決策而消極抵抗。」

「那要什麼規則呢？」

「第一：要清楚定義項目：是什麼事？要達到的目的是什麼？做個專案負責人，責無旁貸的要說清楚。第二：決策者是誰？什麼時候必須結案？決策者就是為這個專案總負責的人。第三：需要外來的協助嗎？是什麼協助？是建言，提提意見還是親自投入，需要哪些能力，哪些人可以幫上忙？第四：用什麼工具最有效？開會，郵件還是其他手段。第五也是最重要的，就是要有一

個團隊文化，參與者的心態必須是『提供意見，但是尊重決策，縱使我的意見沒被採納，或我不同意這個決策，但也要有支持這個決策的胸襟』，最後的責任承擔還是在專案的負責人身上，不會因為這個參與的流程而減低他的責任。」。

「這個文化的建立聽來還挺難的，有什麼辦法去推呢？」

「主管的以身作則是關鍵，以案例來做榜樣，一步一腳印，日積月累，你就會看到成果了。」

「我同意！」

精神的激勵和實質的獎勵（Inspiration & Incentive）

「好，我們再下來談激勵，這個大家耳熟能詳，大剛，你會怎麼做呢？」

「我的做法是當員工將一件事做完後，我會給他們公開的表揚，或些給些獎金做激勵。」

「好，這是標準的做法，對於新世代可能有些過時，對他們的激勵不太大，我來說說我的看法，你再給一些意見，好嗎？」

「好的，我同時也想想。」

「我先說個〈一條腿鴨子〉的故事：有個富翁喜歡吃鴨子，他請了一個廚藝非常高明的廚師來掌廚，有一天這位富翁注意到上桌的鴨子只有一條腿，他忍不住叫廚師來問：為什麼鴨子只有

一條腿？廚師就對富翁說：我們家的鴨子只有一條腿。他帶富翁到後院養鴨場，中午鴨子在樹下縮著一隻腳睡覺，廚師就說：先生，你看我們的鴨子不是只有一條腿嗎？富翁很是生氣，他使勁的拍拍手，群鴨飛起，這時富翁就問這廚師說：你看鴨子不是有兩條腿嗎？廚師說：你如果拍拍手，桌上的鴨子也早就有兩條腿了。」

「大剛，由這個故事，你領悟到什麼呢？」

「做主管要做個激勵者，當員工做對事時，要能及時給予鼓勵拍手，不要等到專案結案後才做，而錯失激勵的關鍵時刻。」

「太好了，我如果聽得沒錯的話，你剛剛還說給公開表揚或給獎金？」

「是的，依照我的權限來做，這種獎賞有點俗，但是實質的獎勵還是必要的。」

「你說的沒錯，但是你可以有更貼心的做法嗎？」

「比如說？」

「你在送禮時，是送的是你想給的禮物，還是對方想要的禮物呢？」

「當然是對方想要的禮物啦，這常常花我許多的時間。」

「是的，你如何用這個心態來做好員工獎賞這件事呢？」

「給員工想要的獎勵！」大剛大聲的說出來。

「對啦，員工想要的獎勵！有些人可能想要一個假期，一個公

開表揚，一個公司付費的家人慶祝晚餐、一個培訓……等。成本一樣，做法不同，效果更不同。」

「哇，許多的新思路，我我快塞不下了，能給我幾分鐘反思一下嗎？」

只見大剛在他的筆記本急急忙忙的寫下幾行字，他再做個深呼吸。

「我已經整理好了，我們再來！」

創新（Innovation）

「接下來我們要談的是創新（Innovation），這對新世代是個關鍵元素，他們有許多的新想法，新做法。大剛，在你的組織裡，你如何來處理呢？」

「我是就事論事的人，而且對事不對人，如果離題太遠，我會將他們拉回來。」

「之後呢？」

「嗯，以後開會就很順利，沒什麼雜音了。」

「這是你要的嗎？」

「嗯，我也不太明白，這樣做有什麼不對嗎？」

「我的個人看法是你太重視效率，可是你卻殺了團隊的活力，在這些小事上你傷了他們的活力，間接的傷了他們對你的感情和

信任。」

「有這麼嚴重嗎？其他人不也這麼做嗎？那我該怎麼做呢？」

「其他人怎麼做我們先不談，可是你面對的困境『為什麼我的員工在過去總是被動，特別是在上午活力奇差，上班姍姍來遲，對團隊沒能達成目標也沒什麼感覺？』你覺得和這個有相關嗎？再想想為什麼你說你的團隊建設還停留在剛剛那張圖的第二階段？」

「我懂了，看來是有相關，那我該怎麼辦呢？教練！」

「我們剛提到過，新世代的年輕人有個特色，他們需要有個一個活潑好玩和活力四射的工作環境和團隊，你覺得這個需求的結果是什麼？為什麼GOOGLE要給員工有百分之二十的自由時間？」

「我想結果就是發想（Envision），就是在工作外的新點子，這也和他們的另一個需求相關，也就是自由度，我叫它『玩沙場』，他們有好奇心，有異樣的觀點，他們尋求組織給他們呼吸的空間和時間，也要有人願意聆聽他們的聲音和認同。」

「哇，這又打到了我的要害，我沒有給他們空間和時間，沒好好傾聽他們的聲音，也不尊重他們的想法！」空氣在這時凝結了起來，好久好久……

最後，陳教練開口了，「大剛，你能領悟，這是個好的消

息，那你會怎麼做呢？」

「我必須改變，可是怎麼做呢？」

「你有什麼選擇呢？」

「我可以對幾個我較能信任的人私下解釋並且告訴他們我要改變，請他們支持我；我也可以寫個郵件告訴大家我要改變，我也可以當面向大家認錯，請他們支持我改變。但是最後一個對我太沒有面子了，這太難了。」

「你會做什麼選擇呢？」

「對員工道歉，特別是一個新到任的主管有些沒面子，教練，你說我該怎麼辦？」

「一個好的領導者會願意向他的員工認錯，員工也才願意對他坦誠，你願意成為一個好的領導人嗎？這是難得的機會！」

「看起來我沒有選擇，這是最佳的選擇，我決定了！」

「哈哈，這是一個關鍵時刻，你沒有錯過，恭喜！」

「我能針對創新做個總結嗎？我希望沒有漏掉任何一個細節。」大剛急著說。

「好吧，你說說看！」

「給員工自由度，讓他們的好奇心能發揮，主管要能給時間和安全的空間讓他們能發想並說出自己的不同看法，主管也要能專心聆聽，這是對員工的尊重，最重要的是主管能坦然的認錯，這是提升員工創新的動力，這也是建立領導力的好時機和好方法。」

告知（Informed）

　　「你說的是。我們談最後的一個 I（Informed），這叫『公告周知』，對那些沒能參與的，我們不要拋棄他們，也給予他們知識和訊息，讓他們找機會自己能跟上來，在組織裡有各式人種，有先知先覺的，有後知後覺的，也有不知不覺的人；有些人是領頭羊，有些人是追隨者；一個團隊要有活力，必須是全隊動起來，而不是只有少數人動起來，這要靠訊息的流通，讓這些後知後覺的人也能跟得上，甚至影響他人。我們在組織裡頭有內部訊息文件，有內部刊物或是內部網站做這個用途。這時代不再流行『知識即權力』，知識要能及時的分享才有價值。你認同這個看法嗎？」

　　「這個我認同，特別你說的後知後覺者，在每個組織都會有，要嘛沒感動或沒感覺，至少要讓他們不要成為組織的負擔，最好也能讓他們動起來。」

　　「好了，我們暫時停一下，整理一下我們所談到的六個 I 的內容。」只見大剛快速在自己的本子裡寫了下來。（見下頁圖）

6 個 I 的秘訣

- Invite，邀請：這是對員工的尊重，表現主管的誠意和用心，這對新世代人絕對管用。

- Involve，開放參與：要有開放參與的規則，要對項目的定義和負責人的責任認識清楚，團隊也必須要有互信基礎，才能參與並互相支持，不會亂了陣腳，花更多的時間在內部協調。

- Inspire & Incentive，精神的激勵和實質的獎勵：實時的激勵，用對員工有價值的方法獎勵。

- Innovation，創新：給員工自由度，讓他們的好奇心能發揮，主管要能給時間和安全的空間讓他們能發想並說出自己的不同看法，主管也要能專心聆聽，這是對員工的尊重，這也是建立領導力的好時機和好方法。

- Informed，公告周知：一個團隊要有活力，必須是全隊動起來，而不是只有少數人動起來，這要靠訊息的流通，讓這些後知後覺的人也能跟得上，甚至影響他人。

活力發動機：四高人群的組織和運用

「大剛，我們剛才提到組織裡頭會有先知先覺，後知後覺者，不知不覺者，那如何讓他們能同步呢？一個大象的騎師會如何啟動這隻大象往前行呢？」

「我對管理還懂一些，對於領導力，我就沒轍了，教練，你能教導我麼？」

「這個時候，我還是要放下我教練的角色，來給你提供一些我個人的知識和經驗，好嗎？」

「好的，謝謝。」

「在組織裡不是每個人都一樣，我們會再提到互補團隊，那是指著能力來說的，今天面對的主題是每個人對於事情的感動程度不一樣，有些人對於某些事非常有熱情，有些人則無動於衷。

「我曾參加一個聚會，那次的特別來賓說了一句話，叫我心裡激動，她說『我們不缺知識，我們缺的是感動人的故事，激勵我們往前行動！』，每一個人的感動點不同，不能勉強，但是如何不讓團隊成員不要脫隊或不要成為他人的負擔呢？

「在我的個人經驗裡，組織有四種人特別重要，我叫他們『四高人群』：高感度，高原創，高傳播，高價值。高感度的人對需要改變的時刻或新的事物特別敏感，他們較有願景，他們較容易接受新事物或接受改變，他們是改變的先驅；高原創的人是對新

事物有興趣，他們會詳細研究分享解剖，最後產生他們的見解來影響他人；高傳播的人則是較外向的人，他們利用各種機會來宣講或分享他們所看到的，經歷過的，或者聽到過的，這是一股無形的影響力，在這個網絡世界，這種人不可缺；最後是高價值的人，這就是對組織最忠誠的人，他們是永遠的支持者和追隨者。

「讓我再用市場行銷活動中，如何來判斷這四類人群給你做個參考：當一個新的創新產品還沒問世前，我們就以4G的手機為例吧，高感度的人會時時的注意誰在什麼時候會有新產品發表，發布前一天晚上會徹夜排隊但求做第一個買到的人，只要有4G的新產品，他們都會買一台；至於高原創的人則不同，他們還是會買新產品，它的目的是買來『破解』用，看看內部的設計有什麼不同，然後到粉絲社群和他人分享；高傳播的人則是依據新產品的測試報告，專門寫評論的文章，在不同的場合做主講的貴賓；最後則是高價值，那就是每一個品牌的最忠誠客戶了。這是市場行銷的理論，只要能啟動他們，這個市場就可以動起來了。

「在組織內的人群也是有異曲同工之妙，主管們必須認識他們是誰？好好啟動他們的心，才能期望整個團隊能動起來，他們就是群眾的意見領袖，扮演不同的職能。你同意我的說法嗎？」

「這又是一個新的思路，我以前沒有接觸過，也沒有想過的，讓我再想想……，敢問我如何在我的團隊裡找到這四高人群呢？你這套理論有道理，我認同，但是怎麼使用呢？如何將四高人群

和六個I的體系連接起來呢？」

「這要靠自己對員工的深入了解，就好似我們常會說某個人是內向，外向，思考型，情感型……等等，這也需要靠深入的了解。我們來做個練習，今天你有個緊急任務，某個產品的庫存太多，各公司都在血拚，你的大老闆要你強力銷售這個產品，你如何執行呢？大剛。」

「我會找幾個對這個產品比較熟悉的人先談談，看看市場的需求，競爭者態勢，能否更新設計或商業模式，再決定我們的策略和行動方案。」

這時，教練在紙上畫了兩個圓，「你說的好，大剛，我用另一種語言來複述你的話，你會找對這產品市場有『高感度』的人談市場需求和競爭者態勢；你會找『高原創』的人談這個產品的技術優勢和市場的差異化，在你做完決策後，你會找『高傳播』的人來擬定你的公關策略；最後找出你『高價值』客戶的客戶負責人，面對市場做執行。在不同的時間，他們有不同的組合，你說是嗎？」

啟動「4高」人群

目標 願景 機會 挑戰　→　高感度、高原創 高傳播、高價值　部落 團隊 市場

這個觀點似乎都有默契，大家大聲的笑了出來，真是爽快！
然後教練在紙上劃下了一張表格。

用「6個I」啟動四高人群

	邀請	開放參與	激勵	創新	告知
高感度					
高原創					
高傳播					
高價值					

大剛看了看，沒有多說，似乎他是看懂了這個奧秘，想想新
世代人的特質，想想他的團隊員工特質，在他的腦內似乎已經有

感覺該怎麼做，只是還說不清楚；在他眼神裡，他看到不同的員工，不再是不耐壓的草莓族，而是充滿能量的新一代！這是內容豐富的一堂課，不待陳教練開口，大剛已經在他的筆記本寫下今天的學習心得；課後，陳教練還是要大剛隔天交他的作業：要他繼續思考：自己學到什麼？如何應用？何時開始用？

發現新的員工

- 了解新世代員工有什麼特色。
- 了解新世代員工需要什麼環境來發揮他們的活力和能力？
- 如何來吸引他們參與？
  （6個I的策略）。
- 如何啟動團隊的活力呢？
  （四高人群）。

陳教授給大剛的RAA 練習

反思Reflection 應用Application 行動Action

- 面對新世代的員工，我如何來建立一個合適他們發展的工作環境呢？哪些需要再改善？哪些需要強化呢？哪些需要新建設呢？
- 我如何使用「六個I」和「四高人群」的思路到我的團隊運作呢？
- 我今天學習到什麼新的思路呢？我預備怎麼用到我的工作崗位上？什麼時候開始用？

4

COACHING
BASED MENTORSHIP

發現新的能力

「我會直接以對事不對人的方式和他們談談,要他們認錯,直接
給予糾正,並告訴他照我的方法做⋯⋯」

所以你的想法是「我給你機會,但是你失敗了」,是嗎?

當大剛在清晨七點五十五踏入會議室時，陳教練已經在那裡沉思了。大剛不想打擾他，他安靜的找個位置坐下。

　　「大剛早！」教練自己察覺到了。

　　「早，教練！」

　　「今天自己感覺如何啊？你還好嗎？」

　　「我感覺太妙了，我……」

　　「請你暫停，老規矩，我們要先來個收心操，才能專心，這是必須的流程。」

　　花了兩分鐘做完了收心操。大剛到底還是認同這個流程的必要和重要，否則他的心如天馬行空，好亂。

　　「大剛，你可以接續你剛才要說的話了，說說你過去兩週的感受體驗和分享。」

　　「教練，我的感覺太妙了，我看到不同的自己，也看到不同的員工，我看到他們的優點，有許多的潛力可以發揮，這是一種好棒的感覺，我開始喜歡我的工作了，這是一個好的機會，也是好的挑戰，我知道這還有好長的路要走，但是我有信心可以走過來了！現在我的挑戰是如何將這些潛能爆發出來？」

　　「這是一個美好的體驗，不是嗎？領導人最重要的職責就是自己看到希望，也給團隊成員看到希望，給予信心！你已經在成功的路上了！今天我能幫你什麼忙嗎？」

「雖然我很興奮，但是我還是走不過一條像是『恐懼之河』的鴻溝，在知與行間，還是有許多的問題需要和你請教！」

「我今天要提出來的第一個問題是，許多員工上班時是一條蟲，下了班後卻變成一條龍，我該怎麼做才能將這個次序顛倒過來？」

「大剛，不要期待能顛倒過來，而是要如何在上班時有下班時的熱情和能量，對嗎？」

「你說的對！」

「你認為問題在哪裡呢？」

「我用自己的角度來想想，如果我在工作時沒有目標，沒有激勵，沒有動力，沒有好的夥伴，我會覺得很無聊，而變成『就業』狀態，沒有活力。」

「你說的是，這個案例是我想到一個心理學模型，叫做『約哈瑞』（Jehari），我畫個圖給你看。」陳教練就在白紙上畫了這個圖，並寫了幾個字。

「你同意我們都戴著面具來上班的嗎？」

「嗯，這倒沒想過，不過經你一說，我同意。」

「放對位子，就是人才！當團隊成員間能有互信基礎，大家願意拿下面具時，這才是『部落』建造的開始，大家才會對這個組織有真誠的感覺，感動和感恩！」

為什麼我不讓你知道我是誰？

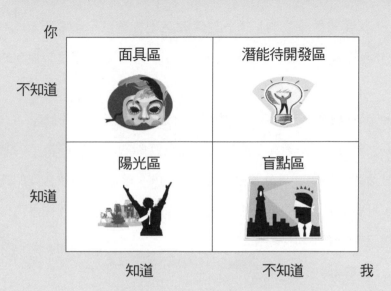

你

不知道

	面具區	潛能待開發區
知道	陽光區	盲點區

知道　　　　　　　　不知道　　　我

「那我該怎麼做呢？」

「你說呢？」

「這個層次太深，我還是停留在理論階段，請教練指導我！」

「好的，今天我們不談理論，只談如何操作應用，容許我不用教練的角色來談這個主題，而是以導師的角色，來牽著你的手，走過來！」

「謝謝！」

一刻鐘教練

「我要和你分享的是『一刻鐘教練型主管』，這個概念是由『一分鐘經理人』來的，但是實施的方式完全不同，這是教練型的主管。」

「為什麼要一刻鐘呢？它們和一分鐘經理人有什麼不同呢？」

「為什麼要一刻鐘？教練的流程是互動的，它需要較多的時間來發問和傾聽，一分鐘是確定不夠的，一刻鐘是個較合理的時間。針對另外一個問題，我們先來看看它是如何做，然後再由你來說說有什麼不同，好嗎？」

「好的！」

「所謂一刻鐘教練型主管，當他們在面對員工時，要能掌握這關鍵的一刻鐘：

一刻鐘的目標設定，一刻鐘的專心傾聽，一刻鐘的挑戰潛能，一刻鐘的激勵支持，最後是一刻鐘的反思學習。」

「聽起來很有內容，很有教練的味道，你能說說它是如何做的嗎？」

一刻鐘目標設定

「首先先談『一刻鐘的目標設定』，目標設定是我們天天在做

的事，個人的目標或是團隊的目標，在做團隊目標時，就必須有個講究了，否則當員工不認同時，那個目標就變成主管自己的目標了，和員工沒什麼關係，那你再談激勵也沒什麼用，他們會認為這不是他們自己認同的，這對於新世代的年輕人特別明顯，結論可能是一樣，只是流程不同。」

「怎麼個不同法呢？」

「參與，要讓他們參與！舉個例子，我朋友買一個房子，他和太太都覺得不錯，就下了訂金，當天回家，他的孩子由學校回來聽說這事，便直接的說不，因為他沒有參與這個決策，父母沒考慮他的需要，學校同學和玩伴等。事後經過一段的修補和邀請參與，他才接受這個決定，現在全家都覺得這是個好的決定。由於早期沒有參與，人們心裡會主動的抗拒，這是人的特色，在新世代人更明顯。」

「我同意，我以前也和父母有過這方面的爭執。」

「所以，要如何做目標決策呢？一個叫『由上而下』，這是組織目標，另一個叫『由下而上』，這是員工目標，在這兩個目標裡如何做決定呢？或是要如何設定目標呢？我來畫一個圖。」教練隨手在紙上又畫了一個圖。

「有三個目標，C的目標是最壞打算的目標，是為財務需要而做，但求不虧本的目標，B是可能的目標，意思是沒有你在公司

內，換他人來做也可以達成的目標，你的貢獻率是零。A才是你的舞台，因為有你，公司的成長才會加速，這是提供激勵的基礎。你認同嗎？」

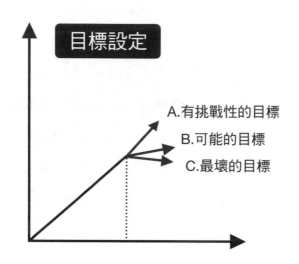

「這個我聽的懂，也合理，只是以前沒這麼做，基本上就是蕭規曹隨吧！我該想想如何應用這個思路！」

「很好，在設定目標時還要能掌握幾個大原則：第一，不要只談數字而忘記非數字的目標，第二在設定數字的目標時，一定要能『SMART』；我先說非數字的目標，有些重要的事，特別是領導力相關的，不容易用數字來表示，縱使有數字，也不能表達全貌，比如員工的滿意度，客戶的滿意度，企業的創新能力，企業的學習能力，人才資本等等，縱使沒有一個較科學的數據，可是也不能忽視；再來談SMART，這是一般業界設定有數字的目標的

做法：要能具體（Specific），可衡量（Measurable），有挑戰性但是經過努力會有機會達成（Achievable），有相關（Relevant），有時間表（Time bound）。這個過程都需要員工的參與和認可，這個目標設定才算完成。」

「那基本上是多久設定一次目標呢？」

「這要看企業的運作和主管管理的方法，太短或太長都不太合適，你的公司是設定多長的目標呢？」

「我們是月報，以一個月做單位。」

「你們在設定目標時有員工參與的流程嗎？」

「目前沒有，基於你剛提到的三個目標ABC設定，我想在我的權限內，我可以有些變化，讓員工能感受到他們的參與和決定。」

「很好，這個參與不一定是一面倒，可以互動，甚至於用說服的方式讓員工接受主管的論點，也可以用談判妥協法，只要是雙方能接受，就對了。」

「我懂了，這個我用得著。」

一刻鐘專心傾聽

「再來我們談第二刻鐘，傾聽；在同意過目標後，主管要學會開始放手，將達成目標的責任交在員工身上，然後你要變成一個

支持者，你要問他們一些基本的問題，比如說基於這個目標，你會如何做呢？你有什麼選擇方案來達成你的目標呢？你會如何來做決定來選擇你最佳的方案呢？你需要什麼資源嗎？你的指標是什麼？幫助員工針對這個主題先想一遍，才開始執行，特別對較資淺的員工，這個很重要，這是信任和授權的基礎。」

　　「這使我想到在那本《幫員工自己變優秀的神奇領導者》書裡的『GROWS 2.0』的目標和計劃設定模式了。」大剛順便畫了一個GROWS 2.0的圖。

「你說的對，就是這個思路，在溝通完後，以後就要學會放手了，不要再指指點點。」

「傾聽的過程裡有許多的提問和互動，目的是要能釐清、確認員工對目標和制定自己策略的能力，也能有效的釐清主管對達成目標的企圖心，這就是教練的過程。

傾聽還有一個要點，『如何聽得清楚明白』也是一門學問，有一個簡單的方法就是用自己的語言來複述對方的想法和講法，這個誤差就會比較小了，這也是我常用的『如果我聽得沒有錯的話，你的意思是……』這種語句。」

「唉呀，傾聽還藏著這麼多的學問哪！」

一刻鐘挑戰潛能

「挑戰對於一個年輕人是很重要的，這是成就感的來源，這也是主管的基本職責，我們不要設定一個目標讓員工在五月份就可以完成全年的目標，或者讓這個員工能躺著幹就可以達到目標，我們用個圖來看看人的成就感是如何來的？

當員工用盡全力，日以繼夜的奮戰，最後達成高標了，他的心情會很舒暢！這時的激勵措施才會有效！努力才會有所得，不努力一定不會有所得，這才是一個公平的工作環境，員工的鬥志和合作才能成功。

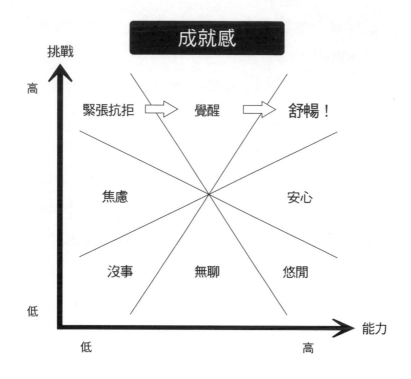

　　我再來說一個『野雁南飛』的故事：每年野雁都會在十月份南飛過冬，有一個人大發慈悲，帶了許多的飼料在他們停留的地方餵他們，有許多野雁看到食物就不再趕路了，後來變得越肥就更飛不動了，哪裡也去不成，冬天到了他們也捱不了冬天，就一個個死亡了。企業是如此，員工更是如此，要能時時面對挑戰，才能有活力和團隊的生命力。我見過一個企業十幾年沒變動過組織架構，因為他們以前是個鐵飯碗的行業，現在不同了，一個個高階主管必須走路，因為他們不再能勝任今天面對的挑戰。

以前我總不懂鯨魚是怎麼能跳出那麼高的水面？後來有一本書提到，這需要時間來培養和鍛練；剛開始在水底下放條繩子，當鯨魚通過繩子上邊時就給激勵，日復一日，繩子移高了，鯨魚就這麼一寸一寸的往上跳，成為表演的明星。我們人的肌肉要如此鍛練，企業內員工能力的鍛練也是如此。要能不斷的給予挑戰，日復一日。我常常會面對員工的選擇時，我會問『這件事我知道你做過許多次也很有把握，你還有其他不同的選擇嘛？』日本豐田汽車有個文化我很贊同──『重複的事要能創新地做』，這也是挑戰。

　　但在給予挑戰的時候，有幾個必須注意的點：

　　・必須建立在互信的基礎上，否則員工會誤解為吹毛求疵，或是故意找他的毛病，造成管理上的負循環。挑戰必須在正循環基礎上才是對的。

　　・主管的心態要用正向的、積極的，有建設性能量的話語來交談，這是正循環的源頭。

　　・不要為了加增百分之五的目標完美，而將主管的個人意志強迫員工接受，讓員工認為這是上面交辦而放棄自己的擔當責任。要能及時放手，願意接受可以忍受的不完美甚至失敗的風險，在培育員工的『擔當力』這個主題上，主管要留意不要對事情本身要求太過完美。你同意我的說法嗎？大剛？」

　　大剛點點頭，這是他以前沒聽過的「新領導力」。

一刻鐘激勵支持

「這個主題大家都有經驗，大剛，你來說說你的做法。」

「我會針對部屬的想法，就我同意的部分嗎我會加以引述，很具體的認同他的想法；而對於有疑問的部分，我會再深入的問清楚，最後縱使有些地方不能完全贊同，但是只要超過我的期望百分之七十以上，我就會放手給予支持，不再說三說四的。」

「你說的好，具體的說出你贊同的部分，也問清楚有問題的部分，最後只要超過期望就放手，我聽得對嗎？」

「對！」

「你還有其他的想法嗎？用教練法？」

「如果依照上次我們談論的重點，我可能還要問『在做完了之後，你希望有什麼激勵？』，還有『你希望我給你什麼支持』？」

「好棒，還有嗎？」

「這是我能想到的了。」

「我給你一個經驗分享，激勵得是及時的，看到員工走在對的路上，縱使只是一點小的進展，就應該給予激勵，及時的激勵最有效。不要等到開會或面對面時才說。我再分享一個我經歷過的故事，每年我們在忙過年時，也就是老美在談超級盃美式足球冠軍賽（Super Bowel）的旺季，我記得有一次我到美國開會，美國的朋友就招待我看超級盃大賽，因為難得那年就在那個城市舉辦—

可是我不懂這個球賽規則，也不知該支持哪一隊，所以只看到幾個大漢在那裡蠻力的衝撞，為了是搶那個球，自己沒什麼感覺，也不會覺得特別興奮。後來有機會和美國公司合作後，才知這是他們的一年一度的大事，超級盃的入場　更是他們夢寐以求的年度激勵大獎！這就是我的深深體驗：我們要問哪些是他們追求的和對他們有高度價值的獎賞，針對這個需求，給予激勵才有效。」

「謝謝教練的分享！」

一刻鐘反思學習

「接下來，談談你覺得要如何做反思學習呢？」

「我從教練身上學習到的是每次開始談話前，你都會問我『我對自己的感覺如何』，這是一個神奇的問題，它讓我進入自己的內心再做反思，體驗和學習，所以我決定在每次和員工對談時，先聽聽他們的故事，在結束後請他們也寫會談紀錄，這個對他們的反思和學習應該有功效。」

「很好的決心，生命有兩種選擇，一是當學習者，一是當評判者，學習者一路走來都是新鮮事，凡事都有不同點，他們懷抱著好奇心來面對這個世界，接受包容差異。成功時可以學習，面對失敗者更是學習良機；評判者的心態就不同了。常常學會暫停，就有機會反思學習，如果太忙，可能會錯失許多成長機會。」

「我虛心學習，教練！」

「好的，這『一刻鐘教練法』你可以靈活應用，並不限定要全套同時用上才算數，可以靈活應用。大剛，對這個主題，你學到什麼呢？」

大剛在他的筆記本上寫下了些重點。

一刻鐘教練型主管

- 一刻鐘目標設定：要讓員工參與，要SMART，要兼顧數字化指標和非數字化目標。
- 一刻鐘傾聽：用GROWS 2.0的方法來深入的傾聽和互動。
- 一刻鐘挑戰：挑戰是成就感的來源，要先建立互信，不要為了追求百分百的完美而犧牲員工對事情的熱情和擔當力。
- 一刻鐘激勵：具體引述我認同的，問清楚我不清楚的，當達到我預期的70% 以上的目標時，我會放手，給予完全的支持。
- 一刻鐘反思學習：決定做個學習者，而不是評判者，凡事都可以學，但是要慢下來才有機會反思和學習。

我聽懂你的心：如何更有效的溝通

「溝通是做『一刻鐘教練型主管』的一個關鍵能力，你能說說你是怎麼做的嗎？」

「我努力讓我的表達能力提升，在接這個職位前，我還特意參加一年的演講社團，讓我說話的語調裡沒有太多的碎音或尾音，雖然說不上是能言善道，但是我有把握至少在公開場合裡對事情能說清楚講明白了。」

「很好，這是基本功，我能問你在和員工開會或對談的場合裡，是你說話的時間多還是員工說話的時間多？」

「這讓我想想，我想還是我在說話的時間多，大部分的主題，我都是有備而來，我有些想法想和大家溝通溝通，為了有效的開會，我總是先將我的意思說完了，大家再一起討論，可是大部分都再也沒聲音了。」

「你覺得是為什麼呢？」

「我想是同意我的看法吧？可是為什麼在執行的時候，總是沒勁呢？」

「你認為是同意你的看法，我能給你一個不同角度的看法嗎？」

「請說。」

「也許是尊重你的權威吧！我的經驗告訴我，當一個有權力的

人說完後，其他的人大都不會再表示意見，除非是非常有信任基礎的團隊，這在我們的文化環境裡特別明顯，這是一個潛規則，你同意嗎？」

「我懂了，那你說我該怎麼辦呢？」

「你能再容許我用教導的方式來進行一下的討論嗎？」

「這正是我需要的！」

「要學會『聽和問』的功夫：第一：要能聽得清楚，學習用自己的語言來詮釋他的話語，要常用『如果我聽懂你的話，你的意思是說……』，不只是他說出來的話，還要讀出他的身體語言和沒說出來的話。第二：要能問，要有好奇心，對不懂的事要問，對有懷疑的點要問，一方面是釐清問題，另一方面也是對他人的尊重。第三：要學習站在對方的立場來聽，為什麼他會如此說？他有什麼困難？」

「哇！這是另一個高度，我總認為對這些年輕人，就是牽著他們的手教，不斷的教，做個不留一手的師傅，看起來，學會聽和會問也要雙頭並進呀？」

「你說的不錯，在這個主題裡，你學到什麼呢？你會怎麼來做呢？」

大剛在他自己的筆記本裡，又速記了幾行要點。（見下頁圖）

有效的溝通

- 先學會聽和問。
- 要能聽得清楚對方說的話語，不只是他說出來的話，還要讀出他的身體語言和沒說出來的話。
- 學習用自己的語言來詮釋他的話語，要常用『如果我聽懂你的話，你的意思是說……，是嗎？』
- 要學習站在對方的立場來聽，為什麼他會如此說？他有什麼困難？
- 要能問，要有好奇心，對不懂的事要問，對有懷疑的點要問，一方面是釐清問題，另一方面也是對他人的尊重。
- 能說清楚講明白（這是基本功）。

如何做有效的一對一對談？

「有關於溝通，我還有一個問題，教練你很強調和員工一對一的對談，不知一對一對談，怎麼做才會有效呢？」

「這也是一個關鍵問題，你提得好！我會很好奇的想知道你以往是怎麼做的呢？大剛。」

「基本上，就是每個季度安排一個固定的時間表，可能是一兩天的時間吧，和他們一對一的談。」

「你覺得這種談話效益好嗎？對你自己和員工有幫助嗎？」

「哈，這倒沒有想過，這是公司的標準管理流程，我只知道我做了，倒是沒有想過有沒有效。那如何讓它變得有效呢？教練。」

「你認為呢？」

「我倒沒有想過，你能教我嗎？」

「我不是在教導你怎麼做，只是分享我的經驗，你自己再做決定什麼對你的團隊最合適，好嗎？」

「我了解你的用意，不給我答案，要我自己做決定。」

「我好奇的想問你的第一個問題，是在和員工一對一對談的時候，你和員工坐的相對位置是如何安排的？」

「這個重要嗎？我倒沒有什麼特別的安排，一般我就是坐在我自己的位置上，員工坐在我桌子的對面椅子上，這有什麼不對嗎？」

「我們曾說過這不是對不對的問題，而是合不合適的問題！你有注意到我們每次對談我們坐的相對位置嗎？」大剛看了看後笑了，陳教練在紙上畫了個簡圖。（見下頁上圖）

「我這時才發覺你坐的位置都是 B 或 C 的位置！」

「為什麼，你知道嗎？」

「我還是不太明白，你能教我嗎？」，陳教練再畫了個圖。

「哈，我看懂了，我必須由我的寶座下來！和他們平行坐在一起，才能有好的對談氣氛，他們才願意開放心胸和我溝通。」

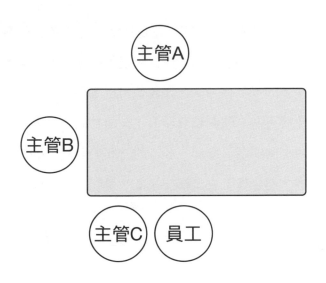

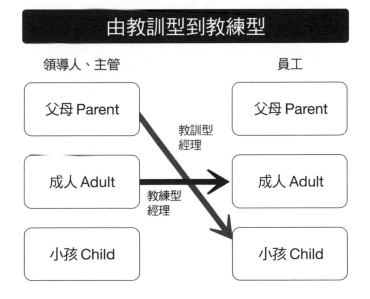

「太好了，這雖然是小事，但是這會關係著會談的氣氛和成效。很多主管認為他們的權力不大，這是輕看自己，對於員工，主管擁有許多的無上權力；比如說他可以下命令，分配資源，決定什麼做什麼不做，聘僱和解聘員工，還有做績效考核和加薪等等。我再問一個問題，這個一對一的時間表和討論的題目，是你提出來的呢？還是員工主動提出來的？是照表操課呢？還是員工期望的事？」

　　「我想還是前者吧！你有妙招嗎？教練！」

　　「開放你的時間，由他們來主動定期提出一對一的要求，時間和談論主題由他們來定，初期一定是不順利，你還記得我們談過的『六個I』和『四高人群』嗎？你要用到新世代年輕人的特色，先鼓勵並邀請幾個高感度的人和高原創的人參與，邀請他們先做領頭羊，帶頭來做，其他人看到就會慢慢跟上來了，否則他們就會被淘汰，人都是不認輸的，他們會跟上來，這就變成一個新的團隊文化了。」

　　「太棒了，這真正符合你所說的教練型主管的領導模式呀！」

　　「很好的體會，那怎麼談呢？你能分享你的經驗嗎？」

　　「我的方法就是你剛說的照表操課，談他的工作，給他我這一陣子對他的觀察和未來的期望，教練，你有不同的做法嗎？」

　　「如果員工是主動的來要求和你對談，你覺得他會關心什麼？他想和你談什麼呢？」

「我想就是他自己的事啦！」

「沒錯，這是一個好的開始，先讓員工談他自己的故事，他認為最有成就的事和他自己家庭的事！」

「可是大部分的事，我都知道呀，我們是小團隊，每天我就看著他在做些什麼，這有什麼好談的？」

「差別就在於我們的一刻鐘教練型的對談，這不是一般的談話，而是較深度的談話，一刻鐘的目標設定，一刻鐘的傾聽，一刻鐘的挑戰，一刻鐘的激勵，一刻鐘的學習。只有在這個機會裡，大家心才會靜下來傾聽和互動，經歷過這樣的學習和成長，這就是員工心裡要的機會，不是嗎？」

「哇，我看到了這幾個道理在這裡接軌了，真是高招呀！」

「還有一個更重要的能力，叫做『傾聽』，我們談了好多好多次了，你是如何傾聽的呢？」

「這個我懂，我會關掉手機，在辦公室外面掛個『開會中，請勿打擾』的牌子，專心在這個對談上。」

「非常的好，還有嗎？」

「我不知傾聽還有什麼學問，你能告訴我嗎？」

「這不是什麼高深的學問，而是一些體驗罷了，比如說只是安靜的傾聽是不夠的，要能善於回應，以好奇心的心態來聽，要以正向積極的學習者的態度來回應對方，要能眼睛注視對方，身體要稍微的往前傾，有些互動性的笑容會更好，但是也不要太勉

強；不搶話，不打斷對方的談話，要讓對方說完，待他停頓後再給予回饋或互動，一個好的傾聽者不只能聽懂他說的話，而且要能聽出他想說但是沒有說出來的話，要能有同理心和一顆包容的心來傾聽對方感性的話語，要禮讓對方先說；聽完後，能用自己的語言來解讀他的意思會是更好，用『如果我了解你所說的，你的意思是…』，這是對他人最大的尊重。這些都是常識，但是它確實是很重要。

總之，在心態上我用這幾個英文字母來說明，COAL（Curiosity／好奇的心，Openness／開放的心，Acceptance／接納的心，Love／愛人的心）。先關心、再傾聽再發問，這是有效溝通的流程。

最後我來說一個有關傾聽的小故事：小張有些口吃，他在一家餐廳吃飯點時點了一道招牌湯，服務生送來時，他說『這─這─道湯我沒─法─吃─吃……』，服務生很禮貌的為他換一碗，再回來時，他還是說『這─這─道湯我沒─法─吃─吃……』，服務生沒辦法，只好找經理來處理，經理說『先生，這是我們最受歡迎的招牌湯頭，你為什麼不滿意呢？』，小張慢慢的說，『這─這─道湯我沒─法─吃─吃……，沒有湯勺。』我們常常聽話聽一半就採取行動，結果便弄巧成拙。」

「受教了，教練，這些我都懂，只是沒想過它的重要性。」

「好了，大剛，我們來做個反思學習，剛剛我們談了些什麼？你學到什麼？」

大剛閉起眼睛，深思了一回，在他的筆記本上寫下幾行字。

有效的一對一會談

- 主管開放自己的時間。
- 對談時間和主題最好由員工自己來定，鼓勵員工自己主動提出。
- 主管要由自己的寶座下來，和員工平起平坐。
- 要由員工自己最感興趣的主題開始，可能是自己成功故事的分享、家庭的事，其次才是工作。
- 使用「一刻鐘教練型」的對話：做他們的導師和教練，幫助他們成長。
- 要學會互動式的傾聽。這是員工主導的時間。

如何開有效的會？

「教練剛才提到一對一會談，我也順道問一個相關的問題，如何開會才有效呢？」

「你能說說你是怎麼做的，好嗎？」

「會議在我們公司裡，就是一個標準化的流程，什麼時間開什麼會是固定的，這是傳統；在會議裡頭也有標準的流程和格式，基本上就是報告和檢討，偶爾也談些計劃吧。這些夠嗎，教練？」

「在回答你的問題以前，我先問你的團隊員工對這種會議他們

參與的熱情如何？」

「我知道他們不喜歡，但是也沒有選擇啊！」

「你說沒有選擇？」

「啊，我再想想，不對，是有選擇，只是我沒有想過而放棄了做選擇了。」

「你說的好，如果你要做有效率的會議，你會怎麼來做規劃？」

「嗯，這是個有意思的問題，讓我再想想，我會重新思考會議的目的是什麼？需要哪些人參加？多長的時間？需要哪些事先的預備？誰來負責預備？我能想的大概就是這些了。」

「不錯，這是一個好的根基，這還是流程，不過有效多了，還有其他的想法嗎？」

「嗯，我還會指定人在會議後做些會議紀錄，發送給參加的人，和需要參與和支持的人。」

「不錯，還有嗎？」

「嗯，沒有了。」

「很好，我能簡單的分享一些經驗嗎？」

「請說，教練。」

「會議有兩種，一個是流程導向的會議，有人叫它是『務虛會』，基本上就是分享，大家平起平坐，丟出來訊息大家分享。第二種是結論導向的會議，有人叫它是『務實會』，要做結論，參與

的人都要負起他自己的權力和責任。除了你剛說的會議紀錄外，還有幾個重點：第一是在做決策時，要能邀請和這個決策相關的人員參與，在決策前要能聽他們的意見，之後主管才做決策，好的決策絕不會是討好每一個人，有些人高興、有些人失意，對於失意的人，要有『我有不同的意見，但在決策後，我公開支持這個團隊的決定』，老美叫這是『我不同意但承諾』的心態，這也是民主的基礎。如果員工不在場，會議裡分配工作給他，也必須再徵求他的認同，會議完後要做追踪，沒有追踪的會議決策是沒有效果的。」

「我非常同意，我忘了說我們每一個會議開始的第一件事，就是檢討上次會議的結論和進度報告。」

「非常的好，另外我想到一個重要的經驗必須和你分享的，在會議裡，大家都會主動發言嗎？」

「有些人會，但是大部分還是較被動。」

「這有個經驗在裡頭，不管在務實還是務虛會裡，如果主管先發言了，你是員工，你還會發言嗎？」

「嗯，大概就不會了，老闆說的話就定調了，我不會也不敢在公開場合和他唱反調。」

「你說的是，可是大部分的主管都沒有這個認知，他們還是認為這是英明主管必備的能力，先將自己的意見說了，再問『大家還有沒有意見？』，還自認為很開放呢！」

「那你說該怎麼改變，才能讓大家平等的參與呢？」

「這就是經驗啦，很簡單，開會時盡量鼓勵由資淺的先說再輪到資深的員工，由低階的先說再到高階的員工，由直接面向市場的先說，再到內部管理的員工！」

「哇，這真是薑是老的辣，我服氣了，教練！」

員工走錯路了，如何引導？

經過一刻鐘的沉默，大剛還有滿腦子的困惑，這些能力都很好，但是如何和他每天面對的問題連結起來呢？時間還早，太陽慢慢射進會議室的窗戶，有些刺眼，但是它也很溫暖。

「大剛，我看到你心中的疑惑還沒完，你願意說出來嗎？」

「教練，你說的我都同意，只是它怎麼來幫助我每天面對管理上的難題呢？」

「你講的是在開始你提的『許多員工上班時是一條蟲，下了班後變成一條龍』的困境嗎？」

「不，這個基本上在我們剛剛的討論中我已經解開了，我還有其他的問題，現在還有一些時間，我能在現在提出來和你討論嗎？」

「你說吧，我今早時間還蠻充裕的！」

「我有兩個困惑，第一是基於一刻鐘的對話，如果事後員工做

錯了，沒走在自己承諾的路上，我怎麼引導他回來？第二是這是基於個人的目標設定，可是在團隊的合作還是沒有改善，互相指責而不肯負責，我又該怎麼辦？」

「這都是好問題，你說的對，一刻鐘的教練還是偏重在個人的目標設定，經由傾聽，挑戰，激勵和反思來建立自己的擔當能力，但是並沒有擴展到團隊和合作層面來，所以我們才說這要靠『教練型的領導力』來提升對談的高度，來整合這些缺口。我們先來談第一個個案，『如果員工做錯了，我怎麼引導他們回來？』，還是老問題，你會怎麼做？大剛。」

「新的方法我還沒參透，但是我可以說出我以前怎麼做。我會直接以對事不對人的方式和他們談談，要他們認錯，直接給予糾正，並告訴他按照我的方法做；以後我可能對這個人的授權程度會較小心的評估。」

「所以你的想法是『我給你機會，但是你失敗了』，是嗎？」

「我避免用失敗這個字，但是就是這個意思。」

「你覺得這個員工會覺得怎麼樣？」

「我相信他一定心裡很挫折，但是以我個人的經驗，過些時候就好啦，我們不是一路就是這樣被打擊過來的人嗎？」

「大剛，這是過去的教導法，是恨鐵不成鋼的逆向打擊法，讓人在不斷的挫折裡成長，這是在農業時代工業時代的管理模式，因為他們沒有選擇；今日我們在現代化的社會裡，你喜歡被這樣

對待嗎？特別是你面對的新世代年輕人？」

「我倒沒想過，我以為大家都是這麼做，我也跟著做，應該是不會有什麼問題。這也許就是我的團隊離職率高的原因之一了。那我該怎麼辦呢？」

「你說呢？」

「我再回來想想你剛說過的一刻鐘主管，我該怎麼用？……我來試試，我會和這個員工坐下來面對面，和他有一刻鐘的目標談論，『我們所同意的目標是這樣的，是嗎？如果我聽得沒有錯的話，你告訴我你是預備這樣這樣做的，是嗎？你還在你自己規劃的路上嗎？你還走在目標的路上嗎？』，之後，我會有一刻鐘的傾聽，聽他怎麼說？也許他在半路上有一個新鮮的想法而改變路徑，這會更有效的達成目標；也許是他真的走歪了路。然後呢？我們會有一刻鐘挑戰性的談論，如果是新的想法，你知道可能面對的困境嗎？你的資源夠用嗎？你的夥伴知道你的轉變嗎？這是你最好的選擇嗎？如果是走歪了路，你怎麼走回來正道？你需要什麼資源？需要我的協助嗎？有這次的經驗，你學到什麼？最後就是激勵和反思……。陳教練，慢慢的我對你的一刻鐘教練法有感覺了，我可以應用上了，真好，哈哈！！」大剛臉色露出高興的微笑，手腳也在飛舞著。陳教練知道他對這一套是通了，他自己也笑了。

核心員工要離職，怎麼辦？

「大剛，你在開始的時候告訴我，除了已經離開的那兩個資深員工，你還有幾個核心員工要離職，是嗎？」

「是的，這還深深的困擾著我呢？我該怎麼辦呢？」

「好的，教練是不給答案，而是幫助你找到自己最合適的答案，你還記得吧？」

「我記得，那請你幫助我找到自己的答案，好嗎？」

「好的，我來先問你，面對這個問題，你會怎麼辦？」

「教練，我只能告訴你我現在怎麼辦，我問清楚了那員工的需求，他就是要求加薪，高到我沒法做主的層級，所以我就向我的老闆報告了，目前就停在那兒，我知道能被接受的機會不大，我也無能為力。」

「好的，我們來用一個不同的角度來解問題，如果你站在你老闆的立場，你會怎麼做？」

「這倒是我沒想過的問題，讓我想想……，因為這個員工是核心人才，我會找直屬主管和人事主管來面對面談這件事，這是我的一些思路：先認同這個人才必要留住嗎？如果是，那我會仔細傾聽這個員工離開的動機是什麼？薪資可能只是個障眼法；我會挑戰除了加薪，我們還有什麼其他的選擇來留住他？還有我會問他們的直屬主管們，他們認為哪些方法對這個員工的狀況較有

效？最後我會問他們如何來做決策？如果有必要我會給他們一些個人的經驗做參考，決定後我會說我支持他們的決策，執行還是由直屬主管來負責，你認為這樣妥當嗎？」

「很好，你是用一刻鐘教練型主管的思路在處理這個問題，你沒有將問題扛過來，你是以教練的角色來幫助部門主管處理自己團隊的問題；基於這樣的思路，你認為你可以處理現階段員工離職的問題了嗎？」

「我再來試試，我會找人事部門和我合作，留住這個員工是共同的目標，如何找出員工真正離職的動機和原因，再一起來找出我們有哪些可能的選擇來留住他？除了調整薪資外，這個涉及的層面太大，我們還可以給他到外部參加專業培訓，這是他一再要求的；也調整他的工作內容，讓他參與一些專案的決策，有重大的成果時要給他公開表揚……等，這些都是我可以做到的。最後才和老闆商量一下，聽聽他的經驗後才做最後的決策，最後由我和這位員工直接做溝通，我的態度要真誠。」

「哈哈，你掌握得真精準，你說得好！」

大剛心裡好踏實，這次就是順著『一刻鐘教練』思路走，一切就好順利。」

「在你離開前，我再給你幾句話做參考：『複雜的事要簡單的做；簡單的事要認真的做，認真的事要重複的做，重複的事要

有創意的做，創意的事要有熱情來做。』生命就是一個學習的旅程！還是老規矩，你在這一兩天內寫下你今天的談話和反思心得給我，我們下次見！」

沒等到教練問他今天的學習反思，大剛已在自己的筆記本上記下幾行字。

發現新的能力

- 要學好使用一刻鐘教練法：

  一刻鐘目標設定。

  一刻鐘傾聽。

  一刻鐘挑戰。

  一刻鐘激勵。

  一刻鐘反思學習。
- 如何做更有效的溝通：一對一，會議。
- 核心員工離職的處理新智慧。
- 員工走錯路了，怎麼帶他們回來？

「再見，教練，今天謝謝你！」走出窗外，陽光燦爛，大剛知道目前什麼是重要和緊急的事，他也知道如何來辦理！他心裡有陽光！

發現新的團隊

有事情發生時，大家就互相推諉，
沒有人願意站出來說『這是我的責任，我來承擔』，
在這樣的基礎上，我怎麼能建立正向能量的團隊？
如何面向明天的機會和挑戰呢？

昨夜，大剛睡得香甜，一夜好眠，今晨起個大早，心裡還帶著一絲絲的興奮和急躁，該從何說起呢？過去這兩個星期的奇蹟出現，他從來沒有想到過會發生的事都發生了！就是這麼的奇妙！他對下班時間已經沒有壓力了，他自己的生理時鐘會自動的告訴他什麼時間該下班了，有時和同事多聊兩句，耽誤個十來分鐘，基本上已不造成任何的心理負擔了，了不起就先和太太通過電話說會晚些回去。今天，他選擇打個黃底黑條紋的領帶和那套他最喜歡的深咖啡色的西裝，出門時，太太還一再叮嚀他吃維他命了沒，喝果汁了沒？家中那隻柯基小牧羊犬在門口搖尾巴送他開車離開。

　　冬天的天色在七點鐘還有些昏暗，他準時的推開了會議室的門，他可以預期教練就在那裡等他，可是今天有些不同，教練不在裡邊等他！

　　幾分鐘後，教練進門來了，手上拿了幾本書籍。

　　「早，教練！」大剛主動的打個招呼。

　　「早，大剛！抱歉我慢到了，回辦公室拿幾本書，它們可能對你有些幫助。我看你今天早上臉色紅潤，笑容滿面，一定有好消息要分享吧！」

　　「我的外表太容易洩漏機密了，是的，我是有許多事想和你分享，心裡是有些激動，我們先做收心操，還是我先分享？教練。」

「還是按照規矩來吧，先來收心操！這學習才會更有效些。」

做完後，大剛迫不及待的想要說，教練舉起手指擺在嘴唇上，暗示他暫停，他閉起眼，做了個深呼吸，大剛也學他做了一回，他的心慢慢沉下來了。

「好了，大剛，你說吧，我可以安靜的來傾聽你的故事了！」

跨過恐懼之河：抱歉，我搞砸了。

「我的心情本來是好激動的，經過一回的收心操和靜心操，我現在心裡平靜多了，我知道我在做沉澱的動作，這也是我今天的第一個學習，『當我情緒衝動時，我先要慢下來，才能面對員工談事情』。

我來說說我最得意的事，在兩個禮拜和教練談完以後，我決定要對員工道歉，但是我猶豫了一些時間，我該怎麼做？在什麼場合做？如何還能保住我的面子？這是我的『恐懼之河』，最後我決定就在隔天下午的一個例行會議裡來做這件大事。

前一天在下班後，我太太愛倫問我發生了什麼事？為什麼眉頭深鎖，我就告訴他原因，我們是個基督徒的家庭，在禱告後，她給我一個建議：『真誠是待人最好的選擇』。她給我這道亮光，這也就是我要的立場。在會議裡，我真誠的告訴員工『我為過去的管理方式道歉，讓大家心裡受傷，也讓許多人失望的想離開這

個團隊，可是我那時後不明白為什麼？直到我和陳教練的對談才找到我自己的盲點和那感覺，這是我個人的問題，管理和領導力的問題，我向大家道歉，請大家給我再一次的機會，也請大家幫助我來改變！』我說完後，氣氛停滯了好久好久，我看幾個人哭了，這是我人生裡最難走過的一關，我很高興我能做到。再過來的兩三天裡，我和這些遞出辭職信的員工再做一對一的對談，他們親自告訴我說不走了！這是對我最大的激勵！」大剛還是很激動，教練叫他慢慢的說。

「當我在和這些預備辭職的員工談話時，我就用『一刻鐘教練法』來和他們交談，我用一刻鐘的傾聽，我也學會站在他們的立場來傾聽他們的動機，我也非常認同在那個場合我也會做這樣的決定，我再一次的請求他們給我機會來改變，也邀請他們來幫助我改變！我相信我的態度是真誠的；我發覺不只是我將它們留下來，他們被傷害以前的關係和信任基礎也都回來了！」

「我可以感受到你的喜悅心情！還有要分享的嗎？」

「要分享的還有好多，不過，我們還是回來專注在今天我們的談話吧，我還是有些疑難需要幫助！」

「我今天能幫你什麼忙嗎？」

「我的疑難有許多，今天我們就專注在團隊建設吧！如何建立一個活力四射的團隊呢？教練。」

活力四射、酷得沒得比的團隊

「你曾提到你的使命是建立一個活力團隊，這是一個非常好的『看見』，你能說說你想如何達成嗎？」

「嗯，我有好多的想法，但是現在還出不了手，我不知道會不會太不實際？我對自己沒多大的信心……」

「你先說出來，我們一起來討論，好嗎？」

「我認為活力團隊在於幾個基礎：有一個能受尊敬的領導人；建立一套好的溝通合作模式；團隊成員間都有好的關係並且能互相信任；大家的專長能互補互相被需要，在團隊內自己感覺有價值。」

「還有嗎？」

「嗯……，這是我所知道的。」

「我丟幾個意見給你參考好嗎？」

「好的，你說說看，你的經驗能補我的不足。」

「要有一個正向積極開放的企業文化，讓員工的熱情和理想能被激勵和激發出來，願意多學習，願意承擔責任，失敗是一種的學習，而不擔心會被指責，員工也才願意公開說出自己的想法，當你的意見被考慮進去後的決策，是團隊執行時活力的來源，你成為團隊的主人而不是僕人。」

「我沒有你的高度，這點我非常同意！」。

「好，那我們就這些主題，來做較深入的討論吧！來談談你會怎麼做？由哪一個主題開始呢？」

「那就由你剛提到的企業文化開始吧！」

「好呀，那你會怎麼做呢？」

「企業文化是個大課題，不是我的職位能改變得了的，但是我可以做到的是在我的職責範圍內，做到最好，讓大家活力四射，做得開心！」

「比如說？」

「我會定期的和員工一對一的談話，和他們一起吃午餐，以建立好的互動關係；在會議裡頭鼓勵他們發言，我不再搶著說話了，給他們空間和時間。」

「還有呢？」

「這可能是我能做的了。」

「我能問你幾個問題嗎？」

「好！」

「你的員工在這家企業，或在你的團隊，他們最關心的是什麼？他們要什麼？你覺得和他們談話以及和他們吃午餐能滿足他們的需求嗎？」

「這倒是個好問題，我沒想過，你能告訴我是什麼嗎？」

「他們要的是一個公平的環境讓他們發揮所長和成長，這比傾聽和吃飯更重要，你同意嗎？」

「我同意，這使我想到馬斯洛理論，人們最基本的需求是物質的滿足和安全感，公平是安全感的基礎，其次是社群的接受，最後才會發揮所長成就自己。」

「那針對這點，你會怎麼做呢？」

大剛想了一會兒，在他的筆記本寫了起來。

建立一個活力四射的團隊文化

- 目標：建立一個公平公正公開的活力團隊文化。
- 公平就是「給機會給願意參與的人」。
- 公正就是「不偏祖任何人，有獎有罰」。
- 公開就是「讓大家都有參與的機會，只要他自己願意」。
- 冒可承擔的風險，不對討論過的決策做懲罰，而是用學習的心態來檢視下次如何做得更好。
- 溝通是必要的手段，不是單向的溝通，而是雙向的溝通，能傾聽不同的意見，這必須在自己能量最好的時候才來溝通，心情很低落時，不做這件事，要有正向的能量傳遞和交流溝通才會有效。
- 最後的決策權和責任還是在主管自己身上。

「都有兩把刷子」的互補團隊

「你還提到互補的團隊是活力團隊的基石，是嗎？我不太明白你的問題，你能再詳細解說嗎？」

「這也是我個人較理論性的看法，就好似我們在社團裡，如果每一個人都是想做頭，那個社團一定不會成功，要有不同的職能和專長，就好似各有兩把刷子，互相搭配和合作，這才是一個好的團隊，當一個人有困難時，另一個人能主動的補位上來，這是我的看法，但是我不知和我今天帶引的團隊有什麼相關。」

「這也是一個好的主題，我們用這個體驗來延伸到你的團隊建設來，首先你能簡單的介紹你的團隊嗎？」

「我們團隊總共有12個人，負責北區的銷售，我們有三個部門，銷售部六個人，這是主幹，技術支援部有三個人，最後就是客戶服務部有兩個人；各有專長和分工。」

「你認為他們都一樣嗎？可以用一套的管理方式嗎？」

「你倒提到一個好問題，我常常強調團隊，將他們全部放在一起開會，為了公平，我用一個標準來對待他們，這有什麼不對嗎？不是大家都是這樣做嗎？」

「我們不是討論對錯的問題，而是如何建立一個活力團隊，不是嗎？」

「抱歉！」

「你覺得員工來公司的目的何在？」

我的善意，你的夢魘

「我看到幾個年輕人熱情洋溢，每天努力在衝業績，我和他們幾個談過，他們就希望除了多賺些錢買個房子外，就是能學習成長和未來能升官發展咯！」

「還有呢？」

「有些人較保守，還有孩子在幼稚園和小學階段，他們就是希望將工作做好，能準時到學校載孩子回家吃晚飯，陪他們做功課。這是我在王瑪莉身上所犯的錯，我的善意卻成為她的夢魘，我一廂情願的要培育她，但是卻不了解她需要的是一份安穩的工作，她是個家庭優先的人呀！」

「你觀察的很仔細，那你對這些不同需求的員工，你會怎麼辦呢？」

「讓我想想，員工個人的需求不同，但是企業的目標只有一個，我能說先去了解並盡量滿足員工的個別需求，以期望達成共同的目標？」

「你掌握第一個要素，就是員工優先，那又如何達成企業的目標呢？」

「這個問題我答不上來，教練？」

「好的，可以容許我用一個圖表來解釋嗎？」

「請說！」

高效活力團隊

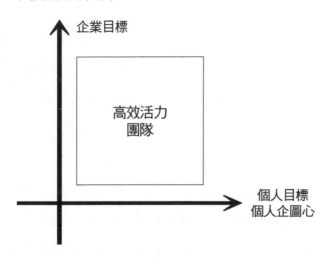

「員工最有活力和效率的狀態，是當他們自己的目標企圖心能和企業的目標接合時，你同意嗎？讓他覺得在企業內努力是有機會成長，也能滿足他自己的成長需要。」

「嗯，這倒是真的。那我該怎麼做呢？」

「你剛才說了第一步驟，了解每個員工的個別差異（Understand Diversity），其次是要認同它（Acknowledge），接受它（Accept），融合它（Integrate），強化它（Empower）！讓團隊的人一起面向企業目標！這也要用前面我們提過的COAL的心態來面對它，這是個心態問題。」

「這個太理論化也太難了，請再給我說說好嗎！」

「有些員工在這裡工作是為了學習企業先進的技術，有些人為的是這裡開放的企業文化，有些則是單單的為了離家近，有些是大專畢業，有些大學或留學回國，他們都不一樣，如何調整他們的心志來認同企業目標，共同承擔責任？如何融合？如何讓他們合作？必須是要讓他們覺得『這和他們有關』，這可以用挑戰的文化或激勵的手段來達成，再來對於比較突出或有熱情的員工，你就可以再用教練型的培育法來強化他們。」

「那有什麼工具可以較清楚的了解員工的內心需求嗎？」

「你問得好，你還記得我們在第一次見面時我們曾提到過的『價值飛輪』嗎？那是一個不錯的工具，你可以了解員工的生命四大主要目標，主管的責任是如何和員工一起合作，將企業的主要目標和個人的目標連結，那員工的活力就來了，他們是懷著喜樂的心情來工作的，我說的『喜樂』和『快樂』不同，快樂可能是暫時的表面的，喜樂是由心裡發出來的感受，它是真誠的、長遠的。」

「這個我懂！和我學的管理知識接上了！」

「團隊建設最重要的是先建立互信的關係，因為團隊的差異和衝突是不可免的，唯有互信才能將這差異或衝突轉化成為正向的能量，成為團隊互補成長的力量。你看看我再來畫的這個圖就知道了。」

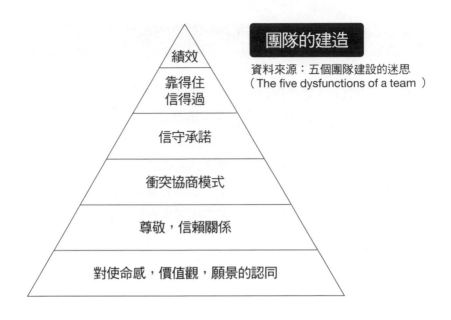

團隊的建造

資料來源：五個團隊建設的迷思
（The five dysfunctions of a team）

績效

靠得住
信得過

信守承諾

衝突協商模式

尊敬，信賴關係

對使命感，價值觀，願景的認同

「我要再說兩個故事，都和這個主題相關。第一則是個寓言，叢林動物們在運動比賽，有牛，馬，大象，鴨子，猴子……等，在比賽『跳、跑、飛、游、潛』五項時，你說誰會拿第一？鴨子，可是它卻是樣樣不精，在叢林裡還有喪命的可能呢！；另一個寓言故事是龜兔賽跑的下集，當他們合作時，烏龜可以背著兔子游過大河，兔子可以背著烏龜走過大漠，這是他們從來沒有經歷過的事，這就是互補的團隊的優勢和效益。好了，故事說完了，我們暫停一下，你再回想一下，如何建造你的團隊呢？」

大剛想了想，在筆記本上寫下一些要點。

- 發現每個員工的那兩把刷子，就是他們的優勢和強項。
- 了解每個員工的個別差異，其次是要認同它，接受它，融合它，強化它，讓團隊一起面向企業目標！
- 團隊目標和個人目標的接合是活力團隊的基礎。
- 團隊的差異和衝突是不可免的，唯有互信才能將這差異或衝突轉化成為正向的能量，成為團隊成長的力量。

只負責不指責，怎麼可能？

「大剛，你還有什麼主題呢？」

「團隊的合作沒有改善，互相指責而不肯負責，這也是我最苦惱的事，在會議室裡，我希望大家能建立一個好的互補團隊，可是我看到的會議卻變成個『找碴會』了，我好失望，有事情發生時，大家就互相推諉，沒有人願意站出來說『這是我的責任，我來承擔』，在這樣的基礎上，我怎麼能建立正向能量的團隊？如何面向明天的機會和挑戰呢？我好苦惱，教練。」

「大剛，還是老話一句，在這種情況下你會怎麼做呢？」

「我的辦法很簡單，就是自己插手做決定，讓他們依照我的方法做，既然開放討論沒有結果，那就不再浪費時間討論了，我說

了算！這倒是避免了許多的衝突，開會時順利多了，不再互相指責了，但是我也發覺會議也就不再有什麼聲音了，有些怪？這對嗎？這是好的現象嗎？教練！」

「領導力沒有好不好的問題，只有合不合適的問題，我們來看看結果呢？你是較外向型的主管，所以比較聰敏也願意承擔責任、願意快速做決定，但是你的員工是什麼樣的人呢？內向型還是外向型呢？」

「有幾個非常外向型的人，他們很喜歡表示自己的看法，這也是常常衝突的一群人，好頭大！」

「你剛剛的插手參與法，對較內向或被動型的員工會比較能接受，但是對於主動積極型或外向型的人，可能就較挫折了，他們會覺得這裡不是他們的家，不被尊重沒有空間成長，最後就要跳槽啦！」

「教練，你怎知道的，就是他們要離職的，辭職書就在我的桌上！我該怎麼辦呢？」

「這是領導力的問題，你再想想，你如何應用『一刻鐘教練法』在這個場合呢？希望時間還來得及留住他們！」

大剛很明顯感覺到壓力，很明顯這是他個人領導力的問題，不是不對，而是對這個團隊不合適。

「我如何在團隊面前來改變自己，使我的領導力更合適這個團隊？這遠遠超過我的能力，教練，你能給我一些提醒嗎？」

「好的，我先問你一個問題，如果你做了一個錯誤的決策或錯誤的事，你如何面對你的團隊？」

「這倒是一個好問題，我會輕描淡寫的暗示自己的錯誤，下次開會時我會強化新的決策部分，讓他們有感覺這個變化。」

「這個還不夠，你願意接受員工成為你的這團隊事業的夥伴，你願意告訴他們『我做錯了，我願意改善，請你們給我一個機會。』用真誠的態度和他們對談，你願意嗎？」

「教練，這有效嗎？從來沒有人談過這樣的做法呢！」

「這是面對新世代新人類的新領導力，領導者必須勇於承認錯誤，以真誠待人，而不是以權威，不只是當主管，做父母也是如此，你肯試試嗎？」

「這很難，但是我願意試試，基本上我還是捨不得他們的離開！」

「好的，這是很重要的一步，希望你能跨過來；再來，我們來深思如何使用一刻鐘領導法在這個案例上，你有什麼啟發嗎？基於上個案例，我相信你能夠延伸出來。」

「好的，我來試試：當開會時有任何爭議時，我會用『一刻鐘目標設定法』，來反思我們團隊的共同目標，什麼是我們共同的承諾？再用『一刻鐘傾聽』，基於這個目標，我們每個人該做什麼？每個人的角色和責任，我們需要其他團隊成員什麼協助呢？你和對方溝通了嗎？他同意嗎？在個人發生問題時，你是先找協力的

同事請求幫助呢？還是先到老闆那裡告狀？這是心態問題。要讓團隊間每個成員間有很好的連結。

再來就是『一刻鐘的挑戰』；事情做成後，你願意和協力的同事分享你的成功嗎？還是獨吞了？有沒有和合作夥伴談談是否可以做得更好呢？……」

「你在這幾個案例自己學習到什麼呢？它有什麼共同的特色呢？」

「我感覺我還是在使用權力在帶動這個團隊，沒有以員工為主來帶心，這和你教導我的新領導力仍有點差距。」

「還有呢？」

「我面對的是新的一代，新世代，以教練型領導法來帶領團隊會更有效，這是真正落實EFCS（員工第一，客戶第二）的精神。我認同有好的、有活力的員工，客戶會自然被服務得很好。」

「還有呢？」

「今天學到的功課除了一刻鐘教練法外，就是肯向員工認錯了，這是一個大的改變，我還要再靜下來，調整好我的心態，趕快向這些對我不滿意的員工道歉，這是我個人領導力的問題，希望他們能再給我一次的機會。」

「還有嗎？」

「我還要員工每次會談完後，每個人要寫紀錄，寫他們對會談的反思，學習和新想法和新計劃，這就是在學習和成長！我相信

在這個環境裡他們會很高興和我共事！」

「不錯的反思和行動，還有嗎？」

「腦筋被榨乾了，今天好豐富！謝謝教練！」

明天會更好：改變團隊OS（運作系統）

「大剛，很好，我們再來乘勝追擊，下一個問題是什麼？」

「我在想如何能將你教我的這一套，不只要能做出來，而且要能夠持續和能傳承下去！」

「哈，這是個好問題，我相信你個人的持續性能力不是個問題，你關心的是團隊的持續力，我了解的對嗎？」

「是的，謝謝你的確認。」

「你認為呢？」

「我的看法是要將它變成一個標準流程，時間到就去做了；然後建立一個激勵的機制，對不走在這個流程的人，給予警告或懲罰，最後定期檢討，給有績效的人公開表揚。」

「大剛，我剛聽到的話裡還是沒有人味，只有管理和流程，你認同嗎？」

「嗯，確實是，教練，那我該怎麼辦呢？」

「你剛剛說的那一套是工業化時代的管理方式，叫做『胡蘿蔔和棍子』的理論，雖然今天大部分企業還是在用這套，我要告訴

你的是它在管理上有它的極限。

　　我先來說個故事給你聽：一群小孩在一個老人的屋子前吵吵鬧鬧的打球，老人很是心煩，叫他們到別處玩可能不會有效，他就想出一個妙招，他告訴孩子們每次來打球就給一塊錢，孩子們好高興，一次一塊錢，一次兩次不斷的來，都有賞，直到有一次，老人說不再給錢了，也沒給任何原因，孩子們就說『他不給錢，我們憑什麼在這裡為他打球？』，這樣，孩子們就離開了。平常給胡蘿蔔的激勵，慢慢的，他們的期望會越來越大，大到沒法被滿足時，他們的效率會更低或放棄了。」

　　「我懂了，那我們該怎麼辦呢？」

　　「我們還有一個選擇是就啟動人們心中的『內在自我成就動機』，這個動機在新世代的年輕人特別明顯，他們要自主權，要參與，要自由度，做事要有目的和意義，要夥伴，要有趣，做個主管要能善用這些優勢。」

　　「這個我同意。那做個主管，我該怎麼做呢？教練。」

　　「這又回到我們以前談的幾個重點，團隊的動力來源是：第一、要了解並連結每個員工的心理需求，主管的責任是建立一個環境讓他們能盡情發揮，建立一個小部落式的環境，給他們一個玩沙場，具有它的特色，適合這個團隊成員個體的需求，也能達成團隊的使命。第二、要能『點亮』（Light-up）團隊的希望和願景，能看到未來，有意義和未來有機會發展。第三、要能激起團

隊成員每個人的企圖心，將希望化成為行動，走出去。能以正向積極的心態和能量來面對，成為一個正循環，不斷的演進發展。」

「我懂了，教練談的正向能量，使我想到你曾提到過教練型主管的角色和責任是做個吸引者，傾聽者，挑戰者，激勵者，支持者。」

「不錯，這是正向能量的來源之一，教練的基本職責就是成為一個使人們更豐富的人，這也是我由一位陳麗英教練寫的書上學到的：教練可以幫助人們——爆發潛能（Exploration）、引導方向（Navigation）、反思和更新（Reflection & Renewal）、激勵（Inspiration）、挑戰（Challenger）、建立習慣（Habit）。要能做個學習者，建立起正向的能量，並且要積極的往前看，大膽的走出去。」

「我非常同意教練的想法，你說的都是，只是我們做這些事，是為了什麼呢？」

「哈哈，你問對問題了！大剛，問對問題你就會找到答案！我再說個故事有關於問對問題的事。

一個年輕人到城市找一個朋友小黃，但是他忘記帶地址和電話，只好問他們共同的朋友小張『你知道小黃的地址或電話嗎？』，他得到的答案是『知道』，這個答案對嗎？沒錯，可是夠嗎？不夠，他沒有問對關鍵性的問題。

好了，針對你的關鍵問題，我給你的答案是『我們在改變一個團隊的運作系統OS』，我們知道每一部電腦都有它的操作系

統，一個組織也是，在有清晰的目標和願景下，如何由一個『胡蘿蔔和棍子』的激勵系統，轉換到『內在自我成就動機』激勵系統，這需要極大的決心和勇氣，它需要理智和情感的交替互動和激勵，好似一個人騎大象，騎師是理智的，他給方向，大象是情感的，它有動力，理智要做決定，不斷的告訴自己這是我決定的事，有意義的事，也是我的決定和承諾，要破除情感對安全和安定的依賴，才能往前走。這叫做毅力。

今天大部分的企業都經歷過一段風光的時日，但是這段的成功並不能讓經營者每天安心的睡覺，我曾問一位很成功的前輩『什麼事會叫你半夜醒來，睡不著覺』？什麼會讓成功的企業家心裡有平安和喜樂，答案就是我筆記上的這個圖表，成功的秘密就在這個新的OS。」

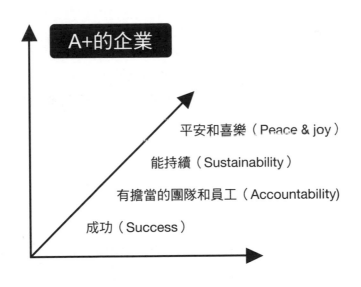

A+的企業

平安和喜樂（Peace & joy）

能持續（Sustainability）

有擔當的團隊和員工（Accountability）

成功（Success）

「教練，我可以感受到你有『員工優先』的思路，以員工的需求為出發點的思考是如此的重要，當每一個員工做工作時有熱情，就好似投入他們自己的嗜好時，我可以感受教練說的『內在自我成就動機』的力量。它會有忘時忘我忘回報的精神，這才是堅持力量的泉源。」

大剛在筆記本上寫下了更多的要點。

如何持續下去？

- 有員工優先的心志。
- 目標是必須改變團隊和員工的運作系統（OS）。
- 由一個「胡蘿蔔和棍子」的激勵系統，轉到「內在自我成就動機」激勵系統。
- 要了解並連結每一個員工的心理需求，
- 要能點亮團隊的希望和願景。
- 要能激起團隊的企圖心，將希望化成為行動。
- 能激起正向積極的心態和能量，成為一個正循環。
- 教練的基本職責就是成為一個"ENRICH"的人。
- 教練型主管的角色和責任是做個吸引者，傾聽者，挑戰者，激勵者，支持者。

時間差不多了，陳教練再問：「你還有什麼比較急的困惑，我們必須今天談嗎？」

「今天我已經吃得飽足了，我需要時間消化，來沉澱和實踐，

接下來兩週夠我忙的。」

「這是個 Happy problem，不是嗎？」，教練不經意的溜出幾句英文，大剛也笑了笑。「在離開前，你能告訴我你今天的會談學習到什麼呢？」

大剛胸有成竹，他照筆記本上的紅線一句句說出來：

發現新的團隊

- 當我情緒激動時。要先靜下來，才面對員工。
- 要跨過恐懼之河，真誠是最佳的選擇，要學習在員工面前認錯，這是信任的基礎。
- 要建立一個公平公正公開的活力的團隊文化。
- 每個人都有兩把刷子，要能接受每個人的差異，再了解融合和強化。
- 要能建立一個肯負責有擔當（Accountability）的團隊：由自己敢在員工面前認錯開始。
- 如何能夠堅持（Sustainability）下去？這要更新團隊的運作系統，這就是「內在自我成就動機」的激勵系統。

「怪不得公司的人都會說他SMART，果然名不虛傳」教練心裡嘟嚷著，「我們下次再見，不要忘了你的學習心得用郵件發給我！」教練還是再叮嚀一次，雖然他知道這一句話是多餘的。

大剛走出室外，太陽已經升起，暖洋洋的，又是一個美好的日子開始。

陳教授給大剛的RAA 練習

反思Reflection 應用Application 行動Action

- 如何強化我們團隊的活力呢？
- 我們的團隊互補性強嗎？我們團隊成員間肯負責嗎？
- 目前團隊激勵的方式需要更新嗎？
- 我對這個主題學習到什麼？我預備怎麼用到我的工作崗位上？什麼時候開始用？

6

COACHING
BASED MENTORSHIP

發現新的主管

今天，我能幫你什麼忙嗎？

半夜的一場小雨將大剛由睡夢中驚醒，時間是四點半，時間還早但是大剛已經睡不著了，今天是最後一次和陳教練的約會了，他忖度著：我該和他談什麼呢？我還有什麼關鍵性的主題和他請教呢？問題和困難還是很多，但是什麼是關鍵主題呢？

　　大剛由床上坐起，開了燈，就在那裡沉思著，直到天亮。他告訴自己除了討論外，他還要預備一張最好的感謝卡給陳教練，他還要提早到，這是最後的一堂對談。

　　在六點四十五分，大剛走進會議室，時間還早，除了清掃人員，大樓還是靜悄悄的，他看看這會議室的一景一物，想想過去幾個星期在這裡的心靈激盪和更新，他陷入了沉思。

　　一陣的開門聲叫醒了大剛的夢，是陳教練來了。

　　「大剛，你今天來得好早！」

　　「教練早，是的，今天是我們的最後一堂課，我要好好利用這堂課，再問幾個關鍵問題！」

　　「哈哈，不要太過嚴肅，學習是一件輕鬆的事，以後我們還是有許多的機會來互動，只是這次針對你現階段的困境，我們安排這段教練式的對談，希望對你有幫助！」

　　「不只是對我幫助很大，我還在想如何來做傳承呢？這是後話，我們先來做收心操和分享吧！」大剛主動的啟動這個教練對話。

做完了收心操和分享後，「大剛，那我今天能幫你什麼忙呢？」教練開口了。

新主管的角色：主管，導師，教練和夥伴

「在這幾次的談話中，我了解如何成為教練型主管，是教練也是導師，我的問題是如何拿捏準確主管的角色和責任呢？對這些角色我有些搞混了。」

「哈哈，這叫做吃多嚼不爛，不過也不要太擔心，慢慢的走出去，慢慢的體驗就好了，我們不是在第一堂課時就做了一個重要的決定，要當個學習者的，是嗎？」

「是的，我能再利用一些時間和教練一起來做個整理，好讓我做個更好的主管，不要再讓員工失望了！」

「你的出發點非常的好，那你認為教練型主管要承擔哪些角色和責任呢？」

「我第一想到的就是做主管，就如你所說的當火車頭當司機，要能引領團隊到一個確定的方向和目標，要結合團隊的智慧，設定策略和行動方案，要能激勵團隊成員和建設一個活力團隊，同時要能時時提醒自己和團隊是否走在正確的道路上，我們常用的工具就是『目標管理』（MBO, Managed By Objectives）或是專案管理（Project Management）。」

「你說的非常的好，設定目標，設定策略和行動方案，你的管理知識很紮實；我特別對你的活力團隊的建設感到好奇，你會如何做呢？」

「我們上次曾談過這個主題，就是要有個公平公正公開的團隊文化，有能冒風險的學習文化，雙向的溝通和自己能承擔責任的勇氣，這是我學習到的。」

「還有嗎？我們在談到新世代的新員工時，還有談到一些重點，你能結合進來嗎？」

「哦，我忘了，是的，我還學過六個I的法則，要能公開邀請，開放參與，激勵與創新，對不能參與的人給予定期的通報，讓他們能跟上進度，不要成為團隊的負擔。」

「你還記得住之前我們提過那幾個『小點』的故事嗎？」

「我是記得那些小點，但是那故事的精神忘記了，抱歉，你能再教我一次嗎？」

「這是團隊活力的形成過程，我們再來看一次，第一階段是每個人都是單體，沒有連結，就好似一盤散沙一樣，沒有組織的團隊，縱使有再大的能力，還是沒有用。第二階段是有領導人的團隊，但是以領導人為核心，事事都要請示，個體間沒有互動，只有比較和競爭，這是今天許多團隊的縮影。到第三階段團隊才成形，每個個體間有好的連結，互動支持，活力的團隊才算成形。

「我再用另一個說法來解釋這個團隊建造的過程，第一是將每

一個小點連結起來，第二是要能了解每個成員自己的企圖心和團隊企圖心間的『接軌』（team-up），這才能發揮團隊最大的能量，第三是領導人要能給方向和目標（light-up），時時給予團隊成員挑戰和激勵。」

「太好了，如果我沒聽錯的話，教練說的是：主管要先了解團隊成員的潛能，個人的動機和企圖心，要能連結到團隊的目標和企圖心上來，最後是不斷的給予團隊和個人挑戰和激勵，讓組織變成一個網狀的有機體。」

「不錯，你說的好！這是個管理者的角色，你還學習到主管還有什麼角色呢？」

導師，教練和事業夥伴

「他也必須是導師的角色！」

「那你認為企業內的導師是扮演什麼角色呢？」

「哈哈，這不難，陳教練你給我們一個好的範例。我所認知的導師就是針對你不懂的給你教導，好的導師會實際做一次給員工看，並要求員工也做一次給他看，然後他會和員工一起討論他們的學習體驗。」

「是的，我們到企業來，公司會安排一位企業導師來幫助你快速的進入狀況，了解企業的運作流程和一些潛規則，這叫做『新

兵導師』，但是企業導師的精華不能只停留在這個階段，它也是企業各部門高潛力培育人才的孵化所，是企業準接班人必經之路，你知道他們是怎麼做的嗎？」

「這個我就不知道了，你能教導我嗎？」

「這就是我們現在在用的對談法，我叫它『教練型導師』（Coaching Based Mentoring），我不用傳統的IDEA法：Instruction（教導），Demonstration（做給學員看），Experience（讓學員自己動手做），Assessment（讓學員寫報告，了解他學到了什麼？）而是用教練法來發展你的潛能，啟動你解決問題的能力；我使用教練技巧，重點不在教導技能，而是使用教練型的對話，來激發你的潛能，活力和擔當，教練型導師要承擔幾個角色：Accompany（陪伴者），Sowing（撒種者，培育者），Catalyzing（激發者），Showing（展示者），Harvesting（收成者）。」

「那我們的一刻鐘教練法在教練型導師眼裡又是有什麼價值呢？」

「它是實施的方法之一，是我個人提煉出來的一套流程，較容易使用也叫順暢。大剛，除了以上談過的幾個角色，主管還有什麼角色要扮演嗎？」

「嗯，對我這已經夠多了，還有嗎？教練。」

「有的，這也是一個重要的角色，叫做夥伴！」

「我知道夥伴，對主管的角色，它是什麼意思呢？」

「當主管做好了管理的角色之後，他必須馬上能放下他的權力和名位，成為一個支持者和激勵著，但是這個還不夠，我鼓勵主管不要只當拉拉隊長，要能放下身段，成為他們的合作夥伴，和他們一起幹活，要能夠親身參與，不要坐在你的寶座做個旁觀者，這是心態問題。」

「這個很有趣，也是我個人的特色，只是有時候又太深入了，給員工指指點點，又給他們壓力，這點我倒有些心得，這好似我們手裡抓一隻小鳥，太鬆太緊都不太合適。」

「這就是角色的拿捏問題，你的夥伴關係是要和他們在一起，在這個角色上，你是個支持者，而不是主導者和責任擔當著。」

「哦，我明白了。」

鑼聲再響：情境領導

「好了，大剛，你能做個總結來說明如何在這些的角色間轉換嗎？什麼時候要做主管，什麼時候要做導師，教練和夥伴呢？」

「教練，這又難倒我了，你能教我嗎？」

「好的，在每一件事情的起頭，主管必須承擔起管理者和領導者的角色和責任，這是毋庸置疑的。在目標設定好之後，開始進入計劃和實施階段後，主管也要由管理者的角色開始走入領導人

的角色，管理是科學，領導是藝術，每個人對領導力的表現法不同，但是也大部分決定在你領導的對象而會有不同，而非一成不變。大剛，你學習過情境領導（Situational Leadership）嗎？」

「這個我學過，但是沒有機會使用過！」

「你能說說你懂的部分嗎？」

「針對團隊成員間的能力差距，領導人可以有不同的帶領法：給剛出校門完全沒經驗的新手，我們就給指示或命令，叫他們依樣畫葫蘆就行了，這是在工作行動裡學習；對那些較有想法的員工，我們要先聽聽他們的想法，如果還是能力有差距，那還是要教他們，才放手；再來是對較有經驗的員工，要先同意所設定的目標，再聽聽他們的想法，但是不要太干涉到細節，給空間，放手讓他們做，只要用一隻眼看著他們在做什麼就可以了；最後就是很有經驗的員工，光設定目標就放手，只要給他們必要的支持就行了，要相信他們的能力。教練，這和我們談到的導師和教練有什麼關聯呢？」

「你覺得你的團隊成員是在那個層級呢？」

「有些人很有經驗，少數幾個沒太多的經驗。」

「那你會用什麼方法來領導他們或幫助他們呢？」

「那我懂你的意思了，較資淺的用教導，資深的用教練！」

「很好，我用一個圖來表示這層的意義好嗎？看看和你的意思是否符合？」

陳教練在紙上畫下這個圖表：

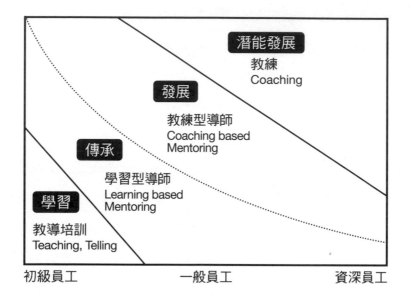

「哇，好清楚的一幅圖畫，完全說明了我們這次談話的重點，謝謝！」

「好，我們暫停一下，對主管的角色和責任這個主題，你還有什麼困惑嗎？」

「這清楚多了，謝謝教練！」大剛心中如釋重擔，他終於搞清楚了這個奧秘！

新主管的自我修練

過了些時候的停頓，大剛抬頭仰望，似有些疑惑。

「大剛，你還有什麼問題嘛？」

「教練，經過你的解釋，我豁然開朗，只是還有一個結還需要你來幫忙！做主管的人，需要有什麼修練嗎？他的心態如何自處呢？這使我想到了萬聖節的面具，也想到俄羅斯的多層洋娃娃，主管好似個多面人哪！」

「這是個好的問題，與其說是帶面具或是多面人，不如說他有好幾把刷子，好似瑞士刀，面對不同的對象，他使出不同的道具組合。」陳教練從身上拿出隨身帶的一把瑞士刀。

「但是在心裡的底層，他們的共同性是一樣的。這就是教練的自我修練。」陳教練繼續說。

「自我修練，那是什麼呢？」

「心態是關鍵，要能夠願意『虛己樹人』，一顆謙卑的心是必須的，願意由你的權力寶座下來，就好似你願意在你的團隊面前認錯，要求他們協助你做改變，這是最困難的一步，也是最關鍵的一步；其次是要以團隊做優先，以培育員工做優先，願意給員工空間來表現，而不是為自己個人的名利輸贏或是個人的升官夢。許多外向型的主管需要許多外來的掌聲，這都不是好的心態；再其次，概念也相似，『要學習做個建管道的人』，而不是提水賣水的人。

建管道是個基礎建設，為的是培育更多的人才，這是組織的發展策略，可能短期較慢看到效益，但是長期必會受益；做員工

的導師或教練雖然還是為了工作成效，同時也是在做人才發展，它需要投入更多的時間精力和耐心；另一個心態是『不要他們和你一模一樣，不要太挑剔，不要有太過完美的潔癖，而不允許員工有失敗的權利』，有句古話說得好『水至清無魚，人至察無徒』，要能允許由犯錯裡來學習，沒經過失敗的人不能算完全的成功，他必須經歷過失敗和挫折，由失敗中來學習。這些理論我相信你都懂，這是你可能不會相信在這個時候出現，是嗎？」

「是的，你說的是！」

「好了，我們最後來為主管的角色做個總結，你認為新世代的主管做什麼？不做什麼？」

「嗯，這是個好問題，我來想想……」大剛在他自己的筆記本上寫下一個圖表。（見下頁圖）

「非常的好，很是清楚，你能再容我和你再分享一些我個人的經驗嗎？」

「教練，請說！」

「就如我們說過的，主管主要的責任是建立一個公平公正公開的環境，讓員工能盡情發揮潛能；他還必須是個人才的『吸引者』，好的人才會因企業的美譽度高而加入公司，但是會因為對他直屬主管的不滿而離職，他是企業內部留才的關鍵人物；主管也必須是個善於在組織裡潛水的人，當面對困境時，『他能沉得下去，也能及時浮得上來』，要能注意細節，更要能做大事。」

主管的角色和責任

少做什麼？

- 教訓人：少下命令，多用影響力
- 過度「追求完美」。
- 能說善道，很會溝通，唱高調。
- 我有答案。
- 抓緊抓牢，細節管理。
- 統一化，標準化。
- 批評者。
- 做個大好人。
- 只用郵件或文件溝通。
- 好多的會議。
- 只用金錢激勵。
- 只做啦啦隊長。
- 不做決策。

多做什麼？

- 做個人的導師和教練。
- 敢放手，敢承認自己的錯誤。
- 善於傾聽，給予回應。
- 問好的問題，大家一起來找答案。
- 鬆手給空間發展。
- 接受個人差異和特色。
- 學習者、傾聽者、激勵者、挑戰者、支持者。
- 壞消息要自己和員工談，不找人代理。
- 多面談，多做一對一的溝通。
- 經營有效的會議。
- 強化個人內在激勵。
- 要成為員工的夥伴，參與行動。
- 激勵團隊勇敢走出去。

「這個我同意。對我來說，這是一條學習的漫漫長路啊！」

「再長的路，只要開始啟動，一步一步也能到達；路再近，不邁開雙腳，則永遠無法到達。」

「謝謝你的鼓勵，我會努力的！我能再請問一個問題嗎？」

「還有一些時間，你說。」

團隊人才不足，我該怎麼辦？

「在我的團隊裡，有些員工就是反應不來，動作太慢達不到要求，影響團隊的進度，團隊人才嚴重不足，我該怎麼辦？」

「哈哈，你說到一般主管的痛處了，特別是空降的主管，他承接了他人的團隊，總有這樣的感覺，你認為問題在哪裡？你為他們做了些什麼呢？如果重新來一次，你會如何來做呢？

我先來說個故事，以前我買了一個房子，後院有顆大樟樹，剛搬進來時，聽了一個朋友的建議說樟樹種得太靠近屋子會破壞房子的根基，不好。就憑這句話，我就僱工將它砍了，一年後，發覺我還有其他的辦法面對那個問題，以後我就學會了，到一個新地方，剛開始不是大刀闊斧的改變，而是先觀察，哪些是優點，哪些必須改變，有什麼可能的選擇？對屋子的環境如此，對組織也是如此，你同意嗎？一般企業新的執行長到任，總是給他有六個月的時間觀察和面談，才要求提出變革計劃。」

「我聽懂了，你要我能先了解員工的特色和優勢，才下斷語並採取合適的行動！」

「不錯，以前我們常用『木桶理論』，認為團隊績效決定在能力最差的成員身上，就是木桶裡最短的那塊板子，你同意嗎？」

「嗯，這是我所知道的，這就是為什麼我這麼關心每個人的能力和績效。」

「好，你能容許我給你一個不同的概念嗎？這對今天的環境特別有意義。」

「請說，教練！」

「『木桶理論』是基於工業化時代的管理需求，談的是效率和標準化，一條生產線，要的是每一個環節緊緊相扣；今天你的團隊面對的是客戶服務和價值創新，需要的是個人能發揮出來他們各自的熱情能量！相對的，有個理論叫『水平理論』，就是不要太計較團隊每一個成員的缺點，而是要問團隊有哪些優勢？要達成目標需要哪些關鍵能力？我們團隊的優勢是否足夠可以達成任務？我們還有哪些能力的缺口？團隊的成員的缺點是否會造成致命的傷害？好似『船的漏洞是在水平線下還是在水平線上』？如果在水平線上，那不會影響大局，那就加速的划向目標，如果是在水平線下，那還要問『那致命嗎？』，如果還是小洞，可以撐到目標到達時，那也不打緊，如果是致命的傷害，才要花時間來修補才出航。你了解我的意思嗎？」

「如果我聽得沒有錯的話，教練的意思是了解團隊優勢和達成目標需要的關鍵能力，才再來分析這些員工的能力需要再強化嗎？是這個意思嗎？」

　　「說的好，好多主管關心的是和其他團隊評比，而不是團隊的個別目標和任務。」

　　「那如何發掘員工的優勢呢？這個我也沒有經驗，你能幫助我嗎？教練。」

　　「將員工放在對的地方就是人才，磨磚不能成鏡，就是這個道理，什麼是對的地方呢？我用一個圖來解釋比較容易。」教練在紙上畫了三個圈圈。

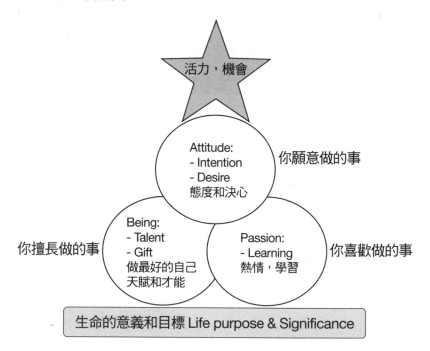

「一個人的優勢有三個要素，在明確的個人生命意義和目標基礎上，第一是要找到自己的天賦才能，第二是要有熱情，第三是自己的態度和決心。三個缺一不可，這樣才能做到『做你擅長做的事，做你喜歡做的事，做你願意做的事』，這樣的組合才能成為個人優勢。」陳教練繼續說，「在組織裡，還需要再加進幾個元素，才能發揮出來，你再看這個圖……」教練又畫了一張圖。

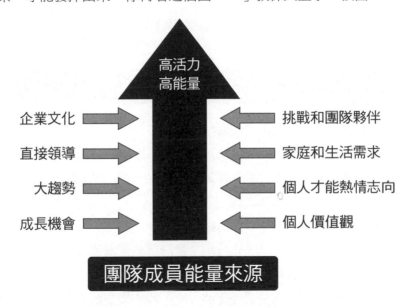

「人才不是用管理，而是要用經營的，特別是在你的團隊，特別是在新世代的團隊！要花時間來經營。好了，我能分享的就這些了，你能說說如果再來一次，你會怎麼面對這個問題嗎？」

「這對我是個挑戰，我來想想，如果我聽得沒有錯的話，我應該先了解團隊的使命和目標，要達成這使命和目標需要哪些關鍵

的核心能力？再回頭來整理我們團隊成員的人才能力庫存，和他們一對一的對談，了解他們的個人熱情和志向，了解要達成這目標的能力缺口，這時才開始來想我該怎麼辦？我有哪些選擇？強化培訓？邀請其他團隊資深幹部為我們的導師或教練？還是需要招募外部人才？我知道我們不需要最優秀的人才，我們需要的是最合適的人才！在團隊裡能互補的人才。這樣教練型領導力也才能發揮出來。」大剛就在他的筆記本寫下幾行字。

人才不足，該怎麼辦？

- 我應該先了解團隊的使命和目標。
- 了解要達成這使命和目標需要哪些關鍵的核心能力？
- 整理我們團隊成員的人才庫存，經由一對一的對談，了解他們的個人熱情和志向。
- 了解要達成這目標我們的能力缺失。
- 我們有哪些選擇？強化培訓？邀請其他團隊資深幹部為我們的導師或教練？還是需要招募外部人才？
- 我知道我們不需要最優秀的人才，我們需要的是最合適的人才！在團隊裡能互補的人才。

陳教練看了看，他笑開了，趁著大剛還在寫，他到茶水間倒了杯茶。

「大剛，你還有什麼疑惑嗎？」

做最好的自己

「我還有一個問題需要教練來協助釐清，作為部門主管，如何能承上啟下？常有人教導我們如何管理我們的上級，又教導我們要領導我們的部屬，合作的平行部門也不少，你說我們要以怎麼心態來面你對他們呢？」

「哈，這特別是新手主管，也是一大挑戰，總結一句話就是平常心，立志做最好的自己，多做事前的溝通，不要有太多沒有預期到的驚嚇，如果再細一點，我來畫一個圖，我們來談談針對不同層級，你該怎麼辦？」

陳教練在紙上畫了五個圈圈：

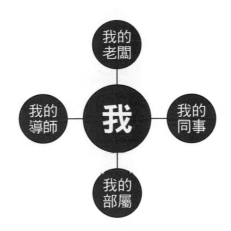

「大剛，你認為你會和老闆怎麼互動呢？」

「我來想想我期望我的部屬如何和我互動，嗯……，我希望

他能很清楚的了解團隊和個人的目標，最好能事先和我談談他預備怎麼做，我們有個討論的機會，讓我心裡有個底，也踏實放心些，開始啟動後，他也能定期的向我匯報他的進展如何，需要我的意見或幫忙嗎？這樣的的互動，我會很放心的授權給他。」

「你說的很好，這就是你和你老闆互動的原則，就是這樣簡單，將心比心就好了。那你對同事會如何最呢？」

「他們可能是支援單位，也可能是合作夥伴，他們是我們的資源，我們要以夥伴關係，互助合作。最重要的是在有功行賞時，我不會忘了他們。」

「太好的一句話了，沒有忘了支援單位，當你能說到做到時，你將是組織內部的吸引機，大家會很樂意和你合作。那對部屬呢？」

「教練你說了許多主管的角色，我來總合一下你的看法，我試試用我的語言來說說好嗎？主管是部門的人才吸引者，目標引導者，環境建設者，行動激勵者，思路挑戰者，困境支持者，成就分享者。」

「清晰透徹，你明白我的意思了；最後，好主管時時要有自己的導師，他是面鏡子，讓主管能在自己感覺不對勁時能看到自己的盲點，並及時尋求幫助。」

「教練，我懂了，這是我的弱點，過去我一直沒做好，這次才需要你花這麼多的時間來幫助我。」

教練的常用語：教練怎麼說？

「陳教練，我體驗到教練的特質不在於說什麼，而在於怎麼說？最重要的是能激勵學員能自己有感覺和想法，並且願意說出來。」

「不錯，在溝通裡頭，有兩個重要的詞，內容（Content）和思路（Context），我發覺對於教練流程，後者比前者更為重要，你同意嗎？」

「哈哈，你找到竅門了，你能否再說得更仔細一些呢？」

「我感受到教練你有許多的常用語，它不是內容，但是它卻可以激起我們的思路變化，而有頓悟的體驗。」

「非常的好，那我們能否花一些時間來整理出來，教練的常用語。你來說說，我再來補充。」

「好的，我聽得最多的就是『你認為呢？』，當你提出一個問題時，我可以期望你會反問我這個問題，所以在第一次對談後，每次在提問題以前，我就會針對這個做個深入的思考，我認為呢？我會怎麼做呢？」

「還有嗎？」

「哈哈，再來就是這一句『還有嗎？』，你會不斷的問，直等到我舉白旗投降為止你才會放手，最厲害的是你會在問『還有嗎？』後會停頓至少三十秒，這再度擠壓我做再深入的思考，直

到將想法擠乾為止，我喜歡這個挑戰！」

「你剛才提到三十秒的壓力測試是關鍵，我叫它『黃金三十秒』！還有嗎？」

「你會問『目標是什麼？為什麼？有什麼可能的不同選擇？你做什麼選擇？為什麼？憑什麼？』，還有，你每次開頭時都會問『今天，我能幫你什麼忙嗎？』，這對我是一個非常大的尊重，這代表這是我主導的對談，我要為它的效果負責。」

「很好，我能加進幾句嗎？」

「教練請說。」

「在開始釐清目標時，我們也要問『這件事對你有多重要？急嗎？不做行嗎？不做會有什麼問題發生？』這會強化改變的力度，當面對困難時或準備找退路時，這個正向的思想會有幫助我們堅持下來。抱歉插嘴，你還有嗎？」

「嗯，還有……哈哈，我想到了，你的名言『如果我聽的沒有錯的話，你的意思是……，是嗎？』，這是用自己的語言來覆述傾聽的內容。」

「好，這是傾聽的關鍵對話，還有嗎？」

「當我再也想不出來時，在你給我你的意見時，你會先徵求我的同意才提出你的看法，『我可以提出幾個不同觀點做你的參考嗎？』，但是你還是會要我做決定，我的事情，我負責。這和我以前的管理風格大大的不同，這是我新的學習。」

「是的，還有嗎？」

「我還記住SMART，對員工的目標設定要SMART，對員工的激勵也要能夠SMART，要具體明確，比如說『謝謝你為公司所完成的這個A項目，這個成果對我們團隊和公司有很高的價值』。」

「是的，這個很重要，還有嗎？」

「嗯，暫時沒有了！」

「教練還有一組非常有力的問句，你也可以試試：『針對這個目標，你有哪些能力需要再強化的，哪些必須要放棄，哪些必須要重新學習？』，最後，我可以提出幾個觀點給你做參考嗎？」

「教練，請說！」

「重點不是這些用語本身，這是起步，這是在練功，用得順利後，你只要把握住幾個大原則就好了，真虧你這麼仔細在聆聽和觀察我們過去幾天的對話，真了不起呀！」

「那是什麼原則呢？」

「要以一顆好奇的心態，來問『開放性』的問題或問『釐清事實』的問題，這是一個學習者的心態，問對關鍵性問題後，你就有機會掌握到答案了，比如說『你能告訴我你的體驗什麼呢？你能分享你的感受嗎？如果你不做，那事情會怎麼變化呢？達到目標時，你會感覺如何呢？你需要有多少資源來達成這個目標？可能有多少的風險？你承擔得住嗎？你有多少的時間呢？為什麼這件事對你這麼重要呢？』等等的開放性問題。」

「謝謝，教練，我會掌握這些原則，常常練習。」大剛在筆記本上記下這段話。

教練的常用語

- 今天，我能幫你什麼忙嗎？
- 你認為該怎麼辦呢？還有其他想法嗎？
- 黃金三十秒。
- 這件事對你有多重要？急嗎？不做行嗎？不做會有什麼問題發生？
- 目標是什麼？為什麼？有什麼可能的不同選擇？你做什麼選擇？為什麼？憑什麼？
- 如果我聽的沒有錯的話，你的意思是……，是嗎？
- 我可以提出幾個不同觀點做你的參考嗎？
- 謝謝你為公司所完成的這個A項目，這對我們團隊和公司有很高的價值。
- 針對這個目標，你有哪些能力需要再強化的，哪些必須要放棄，哪些必須要重新學習？
- 多問「開放性」的問題或「釐清事實」的問題。

明天我們都是教練：教練式主管的培育和傳承

「大剛，你還有什麼主題要在今天結束前討論的嗎？」

「暫時沒有了，有的也是一些瑣碎的小事。」

「在結束我們的對談前，我剛聽到你提過希望能夠將教練型主

管的能力傳承，你願意針對這個主題說說你的看法嗎？」

「是的，我是有些個人的想法，但是還沒成熟，還需要時間來沉澱。」

「我們還有一些時間，你願意分享嗎？作為一個體驗者，你的意見是最真實的，不要忘記我是公司的客戶服務部協理呀！我希望能聽聽你的體驗。」

「我在過去近十週的時間裡，我個人的體驗是這是一個全新的領導能力，它是由人本出發，它不是技能，只要有心，它是可以傳承的。」大剛在他筆記本裡也找出了自己思考過的思路模型。

教練式主管培育

強烈改變的動機	關鍵時刻的建設
• 改變自己領導力的 OS。	• 釐清動機、動能和啟動動力。
• 發現新的自我。	• 「一刻鐘教練」的五個步驟。
• 發現新的員工。	• 有效傾聽的能力。
• 發現新的能力。	• 高效的一對一對談。
• 發現新的主管。	• 「6 個 I」和「四高人群」的領導力應用。
• 發現新的團隊。	• GROW 2.0 和 A.C.E.R. 教練工具的應用。

「太棒了，大剛，你不只能找到合適自己的能力來處理自己面對的挑戰，你也做個好的學習者，將它的思路釐清並做系統化，

成為可以傳承的能力，恭喜你，我們可以繼續合作，將這個能力發揚光大！」

「這是我所想的，謝謝教練花了這麼多的時間在我身上，這是你教我的，我只是將它整理出來罷了，所以這個智慧產權是你的，我不會私用！」

「這沒關係，你可以大膽的使用它，將它傳播出去。時間也差不多到了，你還有什麼主題要談的嗎？」

「教練，還有一件大事，這是我為你預備的感恩卡，望你能夠收下！」大剛送上這張自己認為很滿意的卡片。

「哈，大剛，好特殊的一張卡片，我了解你的心，以後歡迎你隨時和我合作，我們再花時間談如何將它擴大到公司的每一個部門，好嗎？」

「好的，在說再見以前，我能和你再分享一下今天的學習心得嗎？」大剛已經預備好了，在他本子上寫了最後一堂對話的心得。

發現新的主管

- 再思考主管的角色和責任：做好主管，導師，教練和夥伴的角色。
- 教練型主管的自我修煉：虛己樹人，建管道……。
- 人才不足，我該怎麼辦？
- 教練的常用語。
- 教練型主管的培育和傳承。

鑼聲再響：謝謝了，陳教練

走出會議室的大門，大剛不急著回自己的辦公室，他走下樓，直達接待中心，拿起那大錘，他深深的吸了一口氣，結結實實的在那面鑼上敲了下去，「鐺」的一聲，隱隱約約的聽到許多的掌聲，他心中無比的暢快，他知道這就是他所期待的那「關鍵時刻」！

屋外，晴空萬里，陽光和煦溫暖，這是全新的一天！

尾聲——
昨日，今日，明日：
一個教練型主管的成長之路

　　在隔年年初的企業年度經營者會議裡，大剛事先報告「陳教練」他也有應邀參加，大剛被安排在受獎區的座位上。在午餐休息時間，陳教練在休憩區裡見到了大剛，「大剛，你好嗎？」，「陳教練，你好，我很好，很高興的告訴你我這次是要來領取『最佳團隊績效獎』，這都是因為你過去給我教導的緣故，我還要找個機會來親自謝謝你呢！」

　　「不是教導，是教練！」陳教練還是不改其幽默笑著說。

　　「是的，是教練，陳教練！」大剛也附和著，兩人笑翻了天。

　　「大剛，你能告訴我憑著什麼，讓你能贏得這個大獎嗎？」

　　「是團隊，我們的團隊！」大剛似乎在強調著團隊的力量。

　　「那你又學習到了什麼呢？」

　　「我深深的記住了你告訴我的那個書店店員給那買一本書兩個袋子年輕母親的故事，我也不斷的在警惕自己的團隊有關於那

賣芋頭豆花的故事，我不要因為企業的最低消費額的一般規定而將客戶拒絕在門外，我們要能選擇做對的事然後才將事情做對；我深深的下定決心要使我們的團隊成為一個有活力動力和熱力的團隊，就好似ZAPPOS一樣，我還特地買了ZAPPOS的書來看，這真是感動人呀！這是我們服務的標竿，不管是面對面，在網路上，或在電話裡，我們要使顧客感受到我們的溫度！」大剛越說越激動。

「哇，這很了不起，你能告訴我你是怎麼做到的嗎？」

「這對我個人是個大手術，我必須先自己面對自己，認識自己，才能更新自己的思路和行為，起先非常的不適應，甚至於感到很痛苦，但是現在想起來，很值得！」

「我必須對付自己過度的自信」大剛繼續的說，「過度的膨脹自己，心裡驕傲，有時會看不起或不尊重那些動作較慢的員工或同事，我自己也有感覺，總認為他們不會知道，事後我發覺因為我的態度他們也很受傷，我們間的距離越拉越遠；直到你教練我要能發現新的自己，了解自己的優勢和缺點，我才決定要由高高的寶座上下來，我那時做了一個非常重要的選擇，我選擇做個謙卑者和學習者，我發現了員工們每個人都有兩把刷子，個個都是珍珠，許多優點是我沒有的，我心中將他們當成我的合作夥伴，我們優勢互補，現在我心裡踏實多了，好似來幾個引擎在發動，我的工作很輕省；工作不再有壓力，很少的時間在做管理者，大

部分的時間做引導者，支持者和激勵者，我們是合作夥伴，這是我感到的最大成就！

「我知道我每一天都在成長，我們團隊充滿了活力，我們也看到了明天的希望！最重要的是我太太說我又回到家來了～！」大剛一開口就剎不住車了。

「好棒的感覺，你能和我分享一下你轉折的幾個關鍵時刻嗎？」

「讓我用時間軸來反思一下，對我感受最深的第一個關鍵時刻是當我極度困難而急需幫助時，你為我伸出了援手，這是關鍵時刻，謝謝您；還有第一次見面，你要求我做個決定，面對困境時，我要選擇將它當成挑戰來積極面對，而不是承認失敗而放棄，這又是個關鍵時刻，開始了我的征程，才會有今天的我和我們的團隊；再來是面對每一個改變都是關鍵時刻，許多的掙扎，以聖經的話叫『要能破碎自己』，要能看到自己的軟弱，看到他人的長處，我曾深深的掙扎過，但是看到你對我的典範，我決定放下，再給自己一次機會，我做到了。」

「還有嗎？」

「學習傾聽，少講多聽多問，對於我這是一個大鴻溝，這是一大步，我由嬰兒步慢慢學起，現在我已能悠遊自在了！最後，就是學習做個支持者了，不再搶功，不再不給員工思考的時間和空

間就給答案，幫助員工找到他們合適的位子，幫助他們建立自己的舞台，讓他們盡情的發揮，我知道我的成功不在於我自己的能幹，而是建立一個能幹的團隊，這是一條不歸路，剛開始有些猶豫和失落，現在它已成為我個人的本色，我以我的團隊為榮！」

「好了不起的改變！你這改變，有哪些關鍵能力讓你印象深刻嗎？」陳教練繼續問。

「這個題目很大，容我只說一些我常用的或是感受最深的能力好嗎？首先我『目中有人』，這是相對於我以前的『目中無人』的態度說的，我不只注視員工，我更能看到他們每一個人都是珍珠，他們有獨特的優勢，這是團隊的寶藏；我的心態認定我和員工是工作夥伴，我們平起平坐，只是在組織工作上扮演不同的角色而已；我用心傾聽他們的說法，不管是不是成熟，但是我尊重他們說話的機會，由他們身上，我看到更多；我關心員工的感受和個人的目標，在我的心裡，員工第一顧客第二，我敢說他們感受得到；我全神貫注，專注現在：這是一門深奧的功課，我還在學習；還有就是教練你的『一刻鐘教練法』，我每次進入會議場合總會再提醒自己這個流程，這是個奇妙的對談技巧，好神喔，百發百中，彈無虛發，效果非常的好！」

「我好高興你的實踐效果，還有嗎？」

「嗯……，還有我們在最後一堂課裡的『教練常用語』，這也是我放在桌上的座右銘呢！非常的好用！」

「哈哈，還有嗎？」

「嗯……我再想想，暫時想不出來了，我的感受是我揮別了過去的夢魘，立足今天，我也看到了明天的機會和挑戰，但是我不擔心，我又回到職場的快速道路上來了，今天我來領取我的第二階段的學習護照！」

「哈哈，太妙的比喻，大剛，你願意將你的經驗和其他的人分享嗎？」

「那當然，這是一段非常珍貴的旅程，我已經在臉書上建立一個社群，名稱就叫『幫主管自己變優秀』來分享我的經驗，並且大家能一同來分享學習，我們的目的是讓更多的人成為教練型主管，支持他們由教訓型轉變為教練型的主管，這需要外部的支持力量才能成功。」

「大剛，你好棒，我能參加嗎？」

「歡迎，我們需要你不斷的教練和支持！你是我永遠的陳教練！」

大廳裡，鐘聲響起，下一個節目是頒獎典禮，大剛正期待著這個特別時刻的到來！

作者後記——
你我的這一小步，將是企業發展的一大步

在《幫員工自己變優秀的神奇領導者》出版後，我們不斷的接到讀者來信或電話，希望能幫助讀者出版一本如何將教練能力使用到企業經營裡的每一個層級上，而不是停留在企業高層或只是精英階層的御用品，讓教練能進入平常百姓家，成為我們生命行為的一部分，不只在大企業，也能深化到到大街小巷裡的大小企業或商店主管腦袋裡，這個使命和任務使我興奮難眠，這也是為什麼這本書這麼快就誕生了。

對於如何將教練文化帶入到企業組織的問題，我們也了解企業變革要付出較大的代價和風險，每家企業各有它的包袱也急不來。但是對企業或組織的基層，或是小團隊，卻是一個機會，只要團隊的績效不斷的能提升，總部對團隊運作基本不會介入太深，它較有獨立運作的空間和時間來發展團隊自己的文化；更何

況組織裡的基層大多是面對客戶和市場，是以人為主的服務活動，是個價值創新的基地，是個更需要活力和熱力的單位；面對多元化、多變化、年輕化的員工和客戶群，教練型領導力已被公認是最佳的典範。

由小單位，多元化的試點一點一滴的累積成效，我們相信它終將匯成巨流成為主流，讓每一個企業，每一個組織，每一個團隊，每一個主管和個人都充滿著活力和熱力，讓員工得意，客戶滿意，這是你我的一小步，你將看到這將是企業未來發展改變的一大步。

這是一個嶄新的時代

前些日子，我參加一個服務型龍頭企業的高層會議，他們談論的一個主題是「企業內的社群網站管理規則」，結論是：關閉社群網站，不開放使用。原因是這樣他們無法監管員工在社群內的言論，這是一般企業的常態，而你的企業又是如何處理呢？

昨天我決定要自己到一些公開的影音網站下載一些短片，但是不知怎麼做？我就在自己的「臉書」裡發了一個短訊息向大家求救請教，在一個小時不到，我收到了五個建議案，包含一個方案是如何在手機裡下載，這答案來得快速準確而且免費，他們有一個是我認識的朋友，其他幾位我都不認識，他們是社群網站裡

的Pro-Am（達人），體現了這是個群智（Crowd-sourcing）的時代，現在企業的執行長要能有體驗能力，勇於變革，在這個關鍵時刻，企業有許多更好的選擇。

幾年前我在美國的企業曾徵求勇士來做二十四小時型的服務，服務團隊成員大家輪班，一個月輪三次，條件是要能待在家裡而且晚上不關手機來服務極少數緊急需求的客戶，這是行業裡的制勝關鍵；結果是大家都對「不關機」非常的不樂意，感覺壓力大，執勤時的薪資也要提高到好幾倍；今天我發覺每個年輕人的電腦和手機都是不關機，都是永遠開機的二十四小時一族；我也問一些年輕人早上怎麼起床，答案的靠手機的鬧鈴，我更看到許多年輕人不再帶手錶，「每一個電子配件都有時間，為什麼要再加一個手錶呢？」面對這麼一個新的時代，主管們真的要學習改變！

邀你加入「幫主管自己變優秀社群」，繼續成長學習

一個教練的責任和能力是引爆（PULL–OUT & UP）；將學員的能力適時的引爆出來，它和所謂導師的灌頂（PUT–UP）教學不同─如何幫主管找到自己的能量，找到自己最合適的領導模式，並陪他走一程，幫助他建立自己的領導風格，這是教練的價值和使命。

比如說，對一個慣於用左手拿筆的人，教練不會暗示他「大部分的人用右手，所以……（什麼是最佳模式）」，領導是一門藝術，每個人要找到自己最合適的風格，這是這本書希望達成的使命。

　　如果你對這個主題有興趣而願意繼續學習，歡迎你來加入我們的學習社群，到臉書將我（DAVID DAN）列為你的好友（這是我的榮幸哦！），並告訴我你願意加入「幫主管自己變優秀社群」，我們會歡迎你成為我們的園地園丁，也歡迎你來信給我來一起探討學習，我的電子郵件信箱是：Daviddan2007@Gmail.com。

　　在這個關鍵時刻，我們正在改寫領導力的歷史，由教訓型邁向教練型領導，希望這本書有助於你我在這個變革上更進一步！

如何領導 Z 世代人

Z世代圖像

　　Z世代（也有專家稱他們為i世代）是出生於1995-2012年間的一代人，目前他們大多還在求學或是職場的新鮮人，這一代人的出生和成長環境形塑出和前幾代人不太相同的風貌，有許多的書籍和文章發表，值得注意的是這些研究偏重在西方世界的環境裡，對於我們稍嫌接地氣不足，在經過採訪一些組織和專業人士後，我嘗試畫出在我們社會裡長成的這新世代人，供在組織裡的領導人參考，這新世代人還在成長萌芽階段，未來還有更多的修正空間。

1. 網際網路的原住民

　　他們可能在出生時或是懂事時就接觸到網際網路（Internet），智慧型手機，社交媒體，以及最近正酷的ChatGPT／AI浪潮，是

188

標準的熒幕俠，是個「不太會寫字」的世代，喜歡以圖像或是符號表達。因為太容易取得資料，相對的影響到他們的心理韌性，情緒管理還不成熟，職場流動率偏高。

2. 科技成癮

這代人生活中最大的災難是「手機沒有電了」，身邊隨手可及之處都有充電插頭。這個現象不只是發生在Z世代人身上，對其他人也是如此，只是這一代人更依賴科技產品罷了。他們的資料全在雲端，舉凡購物付款，地圖，出門旅遊的翻譯，朋友對話和社群通訊……等等，個人機密檔案也都在雲端。這些方便性的生活環境也影響到他們的生活方式，減低他們需要動腦思考的機會，不需要再求人的協助了，人與人間的疏離感相對加增，失去面對面互動聯繫的機會，人人成為孤島，許多身心靈的問題就浮現，孤獨，憂鬱，焦慮，社交能力，溝通能力，不快樂，情緒暴躁，沒有盼望，父母或是主管們會感受到這世代人對網路上社群朋友的信任遠高於面對面的團隊夥伴。在餐桌上大家拿的注視的是手機，不再是筷子和對面的人。相對的，這一代人對新科技特別敏感，學習力強，能快速上手應用。

3. 延遲成熟

許多研究觀察到一個特殊現象，這一代的孩子們的成長邁

向成熟的路徑，不再是由依賴期（Dependent）直接成長到獨立期（Independent），他們需要經歷一個引導期（Mentoring）才能順利走上自己的道路，這些引導的人可能是父母或是信得過的老師主管們，專家認為這和多元多變化和不確定性的外在環境有關，他們無法做選擇，有些人會向長輩請教，有些人就躺平耍廢。

在這個科技發達的社會環境，我們都不缺知識，而是缺少在知識堆中能「分辨，分析，做批判性思考，解決問題以及創造，創新設計」的做事能力，以及「人與人相處必須具備的同理溝通，經歷挫折，情緒管理和對自我的管理」的社會化能力，這些都是邁向成熟需要的歷練。

4. 安全優先

Z世代人尋求外來的肯定與讚美為的是取得自我的「安全感」，這代人在「情緒安全」層面比較脆弱，他們會經歷更多的「微侵略」（無心的傷害他人或是冒犯），組織裡的「性騷擾」事件，他們對言語，種族。性別，宗教議題的分歧比較敏感，他們也會熱衷與人交流，但是更注重隱私，目的是保護自己。

5. 強烈凸顯自我個性

「敢於表現自我，熱愛表現，做自己」。「活出自我風格和價值」是這一代人最大是特徵。強調自由獨立自主，自我表達，敢

於發聲。我們看見更多的年輕人身上有刺青，穿中性衣著，老一輩人偶爾會問「他是男生還是女生？」組織裡或是學校團體的儀表規範已完全失效。

在組織裡，他們不再重視組織職位和權威，只求平等對待，相對的在組織成員間的距離感拉長，不信任感加增，意見更多元甚或分歧，組織或是社會的新秩序將建立在「認同我們有所不同（Agree to disagree）」的基礎上，「如何整合分歧，建立共識目標」是組織領導人必須具備的能力。

6. 多元文化意識抬頭

不再是二元的世界，不再是「對於錯」、「黑與白」、「好人與壞人」的分類，網際網絡擴展了他們的視野，也能接受人性的基本價值。

這代人能接受不同的文化，種族，性別，信仰……等，對多樣性持開放的態度，比如說對多元性別（性別光譜）以及對變性人和同性戀的理解，雖然這些族群還是少數，他們已經不再走進極端主義的胡同，而是能以愛和包容來接納這些不同的人。

7. 躺平族

這是針對這新世代人一個社會現象的觀察，面對這多元多變不確定的世界，有些人會感覺茫然不知所措，有更多的無力感

（Hopelessness），壓力和焦躁跟隨而來。基於「務實和安全性」的需求，他們在面對現實的「學貸，房貸，工作，婚姻，家庭，生兒育女的養育責任」更是手足無措，有些人就選擇逃避躺平，不再追夢，晚婚或是不婚，不育，做個月光族。

　　另有一批人躺平的原因是「科技讓工作更輕鬆」，以前要花幾天時間的工作量，現在在短時間就可以完成，「斜槓」成為標準的配備，主管若沒有能力察覺，給予及時的引導和挑戰，他們就對工作感到索然無味了，跳槽是遲早的事，這也是老一輩人最擔心的趨勢，當年輕人失去了方向和鬥志，失去了勤奮和刻苦的經歷，這個組織和社會的優勢即將慢慢消逝。

8. 社會責任感強，Make a difference

　　這一代人對社會責任感特別的強，以前沒有聽過的議題現在都成為組織發展的顯學，「節能減碳、碳足跡、綠能、數字化、綠化、環境保護、ESG、DEI……等議題」，不只期待組織能做到，員工自己也願意主動直接參與。

　　這一代的人期待有更多的參與，更多的自由度，由以前被動的被分配工作，到今日要求主動的參與內容規劃討論並作出承諾，這是工作動力的來源，工作不再只是一個穩定生活的謀生工具（就業，職業），而是希望能找到自己想要的工作，對組織和社會能有價值，同時也能按照自己的工作節奏和方式，過自己想

要的生活，在疫情過後，彈性的工作時間和地點是其中重要的選項，目的是能在個人，家庭和工作中間找到新的平衡。

9. 對社會和政治議題敏感

這是這個世代人的特徵，對社會裡的政治議題特別敏感，他們能勇敢發聲，也期待組織能有鮮明的立場，組織的品牌美譽度含有這個成分。

學校的老師和社會媒體講員都會被貼上標籤，中間較冷靜的立場只能靜默無語，在公開場合各有立場，針鋒相對，無法妥協對話，極左或是極右社群因此而生，政黨退出校園和媒體中立不再可行，這是這時代的特徵。

它的風險就是「群眾運動」的本質，許多年輕人目的只在參與一場社會運動，並不深入了解這場運動的本質和目的，媒體也都有隱藏的政治立場，讓「帶風向」的人或是組織得利，造成社會更大的風險。

這是一個新的世代，也是新的時代，我們每個人都有許多的不同，可喜的是人性的本質還是沒有變化，只是被隱藏了。「真誠的關心，平等尊重，同理傾聽，開放對話，追求價值和成就感，陪伴支持……等」，主管們有溫度的關懷和對話，對新世代人來說是一股暖流，導師型的陪伴還是組織裡最珍貴的資產。

如何領導Z世代人？

這個主題不只是針對Z世代人，而是這一代人帶來的新氣象影響到整體的社會環境變革，成為一個新社會風貌。作為一個領導人，你我需要做什麼成長改變呢？

自我覺察是第一步，我們就由這裡開始吧！

1. 重新釐清自己的角色和責任

領導人不再只是發號施令的指揮者，他們是「一盞燈，一席話，一段路」的點燈者，對話傾聽者和陪伴者。由早期的「指導，指揮」轉變成「引導，教練」，這需要一個「改變」的過程，這也是一趟學習成長的旅程。

2. 面對面的連結和對話(Connect to dialogue)

在這越來越多網路上的「虛擬會議」，創造和強化面對面的鏈接機會和更多的對話是必須的，讓雙方都能夠暢所欲言，甚至是有表達不同的意見的自由，我們常說「不打不相識」，只要不是惡意的攻擊或是誣衊，建設性的衝突是移除懷疑不信任藩籬的重要手段。

3. 邀請參與

在本書中，我們提到六個 I：Invite, Involve, Inspire & Incentive, Innovate, Informed.（邀請，開放參與，激勵＆獎勵，創新，告知）邀請參與、討論和決策是對這新世代人領導的關鍵。

4. 逆向導師 (Reverse mentoring)

領導人的「展示脆弱」是最能得人心的決策也是最關鍵的一環，在面對今日高速科技的變化，如數字化轉型和 AI 的挑戰與應用等，老一輩人也的確需要年輕人的協助，如何邀請新世代人作為內部導師，協助組織轉型，這是機會。

5. 開放式的關係塑造

除了剛才提到的「逆向導師」計劃之外，如何讓新世代的人成為組織任務的夥伴，讓員工參與他們最拿手的領域，承擔更多的責任，開展出更多的可能，這會強化組織內部的活力和歸屬感，承受住工作上的壓力，不再做「躺平族」。

6. 愛（關心）與權力的均衡運用

主管手上有「權力和愛（關心，激勵，讚賞）」兩個資源，有智慧的領導人知道「能使用愛（關心，讚賞，激勵）的時機絕不動用權力，但是在該使用權力時也絕對不會逃避」。目的是達成組

織的使命強化每一個人獨特的優勢和心理韌性。

7. 一刻鐘教練式對話

同理對話是在領導新世代人最常用的領導力技巧，我們在書中有反復使用過，它的精髓是「在第一輪傾聽完成後，開始了對話的架構：一刻鐘目標設定，再來一刻鐘傾聽他計劃怎麼做，一刻鐘挑戰：有更好更高的選擇嗎？一刻鐘激勵，最後是一刻鐘反思學習」。

這是一場對話，它的結果是自我承諾的行動和學習。

8. 一對一對話的品質

這場對話不是業務或是目標的檢討，而是更多的深入關心員工的狀態，專心傾聽他個人和家庭狀態以及成長規劃，並探詢你作為主管能幫上什麼忙嗎？也利用這個機會理解員工個別的價值觀和需求。

其次才是談到個人的工作狀態和進展，「你還在承諾的目標道路上嗎？你需要什麼協助？你下一個階段會這麼做呢？」

最後才是提出你主管個人的觀察和反饋（前饋）。並給予感謝他對組織的貢獻和價值。

目的是強化優勢，點亮員工的成長空曠和機會。這是Z世代人所期待的。

9. 尊重多元化和包容性

尊重不同觀點和背景的員工，創造一個團隊文化讓大家可以合作共榮，讓每一個人的獨特優勢可以發揮，有貢獻也受肯定。

10.關注並參與社會責任與可持續性發展是項目

關注組織內部相關的議題的發展，比如環保，綠能，節能，排碳，數字化轉型……等，有績效後再讓員工參與外部相關的推廣活動，可以由組織的合作廠商，客戶，以及居住環境開始做起。

11.開放的學習和成長機會

面對這新的世代，社會化需要許多新的能力，對每一個人都是新的學習成長機會，可以成為各相關主題的講師或是項目導師，也可以開展讀書會，分享學習，甚至開放到外部的專業相關學習機會，這都是Z世代人所珍惜的。

這些內容在本書的故事案例中大都有使用過，大家可以再讀並且反思它們對你今日面對的挑戰的意義。最後，我附上一些主管面對新世代人群的檢核，期待你也能從這些狀況中對應本書的情境，成為一位領導新世代的優秀主管。

主管自我檢視表

1. 總認為Z世代人花太多時間在網路上。

2. 喜歡強調自己的過去經驗，提供過時的專業建議，口頭禪是「讓我來告訴你」。

3. 提供員工發展建議時，不了解或是不認同每個年輕人都有不同的價值觀，工作不再只是為了升官發財。

4. 喜歡拉員工到他Line群組，自己當頭，只提當年勇，廢話很多。

5. 用過去的經驗看目前和未來的機會。

6. 年紀太大，不懂新科技和新市場，Z世代員工認為「教育主管比教育市場更困難」。

7. 喜歡下班打電話問問題，下班後不准員工關手機或是回答現在不方便。

8. 講話長篇大論，沒有重點，沒有新意。

9. 覺得不加班就是不認真。

10.還是細節管理，凡事要請示，不放手，沒有發揮空間。

11.破壞性批評多，錯誤都是員工的責任，好搶功勞，讚賞和鼓勵少，工作壓力大。

12.主管總是要贏，總是對的，處處想凸顯自己的價值，員工認為「計劃趕不上變化，變化趕不上老闆一句話，今天又做白工

了」。

13.口頭禪是「不是這樣啦」、「但是」、「然而」、「可是」。

14.不會聽完對方的說話，喜歡插嘴批評。

15.死不認錯，好面子。

幫主管自己變優秀的神奇對話 （經典新版）
面對新世代員工與第一次領導焦慮的教練思考處方

COACHING BASED MENTORSHIP
How Great Mentors Help New Leaders to Grow?

© 2011, 2024，陳朝益

Traditional Chinese edition copyright©2024 by Briefing Press, a division of AND Publishing Ltd.
All Rights Reserved.

書系｜使用的書In Action!　　書號｜HA0017R

著　　　者	陳朝益（David Dan）
行 銷 企 畫	廖倚萱
業 務 發 行	王綬晨、邱紹溢、劉文雅
總 編 輯	鄭俊平
發 行 人	蘇拾平

出　　　版　大寫出版
發　　　行　大雁出版基地 www.andbooks.com.tw
　　　　　　地址：新北市新店區北新路三段207-3號5樓
　　　　　　電話：(02)8913-1005 傳眞：(02)8913-1056
　　　　　　劃撥帳號：19983379　戶名：大雁文化事業股份有限公司

初 版 一 刷　2024年2月
定　　　價　400元
版權所有・翻印必究
ISBN 978-626-7293-38-6
Printed in Taiwan・All Rights Reserved
本書如遇缺頁、購買時卽破損等瑕疵，請寄回本社更換

國家圖書館出版品預行編目（CIP）資料

幫主管自己變優秀的神奇對話：面對新世代員工與第一次領導焦慮的教
練思考處方 / 陳朝益著｜二版｜新北市：大寫出版：大雁出版基地發行，
2024.02
200面；14.8x20.9公分.（使用的書In Action！HA0017R）
ISBN 978-626-7293-38-6（平裝）

1.CST: 企業管理　　2.CST: 通俗作品

494　　　　　　　　　　　　　　　　　　112020531